教育部高职高专规划教材

技能型紧缺人才培养培训系列教材

FANUC 系统数控铣床（加工中心）编程与操作实用教程

（理论教学与实习实训一体化教材）

徐建高　编著
尹玉珍　主审

化学工业出版社
·北京·

本书着重讲解 FANUC-0i Mate-MB 系统数控铣床（加工中心）编程与操作数控指令及其应用，其中将编程指令的讲解融入实例之中，便于理解和应用；零件举例从简单到复杂，循序渐进，便于实践操作。

本书主要讲述了数控铣床的基本知识、编程知识，其中将编程指令的讲解融入简单实例中，使读者易于理解与应用；数控铣床的操作；数控铣床实操练习课题，此部分精选例题，讲解仔细，各具特色。

本书可作为高等、中等职业院校数控培训专门教材，也可作为机械工人培训教材和自学用书。

图书在版编目（CIP）数据

FANUC 系统数控铣床（加工中心）编程与操作实用教程/徐建高编著. —北京：化学工业出版社，2007.7
（2023.8 重印）
教育部高职高专规划教材
ISBN 978-7-122-00427-7

Ⅰ.F… Ⅱ.徐… Ⅲ.数控机床：车床-程序设计-高等学校：技术学院-教材　Ⅳ.TG519.1

中国版本图书馆 CIP 数据核字（2007）第 068066 号

责任编辑：高　钰　　　　　　　　　文字编辑：云　雷
责任校对：周梦华　　　　　　　　　装帧设计：于　兵

出版发行：化学工业出版社（北京市东城区青年湖南街 13 号　邮政编码 100011）
印　　装：北京印刷集团有限责任公司
787mm×1092mm　1/16　印张 12¼　字数 302 千字　2023 年 8 月北京第 1 版第 13 次印刷

购书咨询：010-64518888　　　　　　　　　售后服务：010-64518899
网　　址：http://www.cip.com.cn
凡购买本书，如有缺损质量问题，本社销售中心负责调换。

定　　价：38.00 元　　　　　　　　　　　　　　　　　　版权所有　违者必究

前　言

　　本书是根据国家教育部数控技术专业技能紧缺人才培养方案和劳动与社会保障部制定的有关国家职业标准及相关的职业技能鉴定规范，结合编者多年的教学和实践经验编写而成的。

　　随着中国工业的发展，许多世界级先进企业做出面向全球化和信息化的新一轮战略调整，纷纷加快向中国转移的速度和力度，中国将成为"世界工厂"、"制造中心"。这些外资企业的设备大多是融机械制造技术、微电子技术和信息技术于一体的数控设备，同时中国工业为提升竞争力，也纷纷购置性能优越的数控设备。因此，各行各业迫切需要大批懂得数控技术的高级技能型人才。

　　本书着重讲解 FANUC-0i Mate-MB 系统数控铣床（加工中心）编程与操作数控指令及其应用。其中将编程指令的讲解融入实例之中，便于理解和应用；零件举例从简单到复杂，循序渐进，便于实践操作。

　　本书主要由四部分组成：第一部分为数控铣床的基本知识、编程知识，其中将编程指令的讲解融入简单实例中，使读者易于理解与应用；第二部分为数控铣床的操作；第三部分为数控铣床实操练习课题，此部分精选例题，讲解仔细，各具特色；第四部分为附录。

　　本书由徐建高编著，尹玉珍主审。姚健、赫英歧、王耀、边魏等参加了本书中例题程序的调试工作并给予大力支持和协助，在此谨表感谢。

　　本书作为高等、中等职业教育数控培训专门教材，也可作技工、中专机械类教材以及机械工人培训教材和自学用书。

　　由于编者水平有限，书中的不足之处，敬请广大读者批评指正。

编者
2007.4

目 录

第一部分 基本知识

第一章 数控铣床概述 …………………………………………………………… 1
第一节 数控机床的基本知识 …………………………………………………… 1
第二节 数控机床分类及特点 …………………………………………………… 3
第三节 数控铣床的基本知识 …………………………………………………… 7

第二章 数控铣床编程基本知识 …………………………………………………… 9
第一节 数控机床坐标系 ………………………………………………………… 9
第二节 数控编程概述 …………………………………………………………… 11
第三节 数控铣床程序的结构组成 ……………………………………………… 13

第三章 数控铣床编程基本方法 …………………………………………………… 19
第一节 数控铣床程序编制的基本方法课题一 ………………………………… 19
第二节 数控铣床程序编制的基本方法课题二 ………………………………… 21
第三节 数控铣床程序编制的基本方法课题三 ………………………………… 25
第四节 数控铣床程序编制的基本方法课题四 ………………………………… 29
第五节 数控铣床程序编制的基本方法课题五 ………………………………… 33
第六节 数控铣床程序编制的基本方法课题六 ………………………………… 38
第七节 数控铣床程序编制的基本方法课题七 ………………………………… 41
第八节 数控铣床程序编制的基本方法课题八 ………………………………… 50

第二部分 数控铣床的操作

第四章 FANUC 0i 系统数控铣床操作 …………………………………………… 54
第一节 FANUC 0i 数控铣床操作面板 ………………………………………… 54
第二节 FANUC 0i 数控系统操作及机床的基本操作 ………………………… 59
第三节 数控铣床的对刀 ………………………………………………………… 64
第四节 数控铣床加工工艺基础 ………………………………………………… 64

第三部分 数控铣床实操练习课题

第五章 数控铣床实操基础练习课题 ……………………………………………… 73
第一节 数控铣床实操基础练习课题一 ………………………………………… 73
第二节 数控铣床实操基础练习课题二 ………………………………………… 77
第三节 数控铣床实操基础练习课题三 ………………………………………… 80
第四节 数控铣床实操基础练习课题四 ………………………………………… 83
第五节 数控铣床实操基础练习课题五 ………………………………………… 87

第六节　数控铣床实操基础练习课题六 ………………………………………………………… 91
　　第七节　数控铣床实操基础练习课题七 ………………………………………………………… 95
　　第八节　数控铣床实操基础练习课题八 ………………………………………………………… 99
第六章　数控铣床实操（中级工）练习课题 ……………………………………………………… 103
　　第一节　数控铣床操作工（中级）考核练习题一 …………………………………………… 103
　　第二节　数控铣床操作工（中级）考核练习题二 …………………………………………… 108
　　第三节　数控铣床操作工（中级）考核练习题三 …………………………………………… 113
　　第四节　数控铣床操作工（中级）考核练习题四 …………………………………………… 117
　　第五节　数控铣床操作工（中级）考核练习题五 …………………………………………… 121
　　第六节　数控铣床操作工（中级）考核练习题六 …………………………………………… 125
　　第七节　数控铣床操作工（中级）考核练习题七 …………………………………………… 131
　　第八节　数控铣床操作工（中级）考核练习题八 …………………………………………… 138

第四部分　附　　录

附录1　理论复习题 ………………………………………………………………………………… 144
附录2　数控铣工国家职业标准 …………………………………………………………………… 168
附录3　加工中心操作工国家职业标准 …………………………………………………………… 178
参考文献 ……………………………………………………………………………………………… 189

第一部分 基本知识

第一章 数控铣床概述

第一节 数控机床的基本知识

数字控制（Numerical Control，简称数控或 NC）技术，国家标准（GB 8129—87）定义为："用数字化信号对机床运动及其加工过程进行控制的一种方法。"装备了数控系统的机床称为数控机床。随着科学技术的发展，数控系统也采用专用或通用计算机及控制软件与相关的电器元部件一起来实现数字控制功能，称为计算机数控（CNC）系统。

数控机床的组成及工作原理如下。

1. 数控机床的组成

数控机床由输入输出设备、数控系统、伺服系统、反馈系统、机床本体等组成（见图 1-1）。现代数控机床的数控系统都采用模块化结构，伺服系统中的伺服单元和驱动装置为数控系统中的一个子系统，输入输出装置也为数控系统中的一个功能模块，所以现在的观点认为数控机床主要由计算机数控系统和机床本体组成。

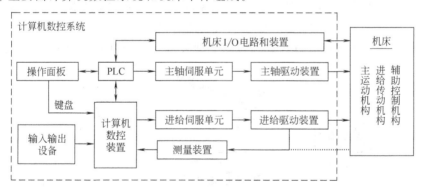

图 1-1 数控机床的组成

（1）程序载体　数控机床是按照编程人员编制的工件加工程序运行的。在工件加工程序中，包括机床上刀具和工件的相对运动轨迹、工艺参数（进给量、主轴转速等）和辅助动作等信息。通常编程人员将工件加工程序以一定的格式和代码存储在一种载体上，如穿孔纸带、录音磁带、软磁盘或硬盘等，通过数控机床的输入装置将程序信息输入到数控装置内。

（2）输入装置　输入装置的作用是将程序载体内有关加工的信息读入数控装置。根据程序载体的不同，输入装置可以是光电阅读机、录音机或软盘驱动器等。

数控机床还可以不用任何程序载体，通过数控机床操作面板上的键盘，用手工方法将工件加工程序输入数控装置；或者将存储在计算机硬盘上的工件加工程序传送到数控装置。

(3) 数控装置 数控装置是数控机床的核心。它根据输入的数据,完成数值计算、逻辑判断、输入输出控制等。数控装置一般由专用(或通用)计算机、输入输出接口板及可编程序控制器等组成。可编程序控制器主要用于对数控机床辅助功能、主轴转速功能和刀具功能的控制。

(4) 伺服系统 伺服系统包括伺服控制线路、功率放大线路、伺服电动机等执行装置,它接受数控装置发来的各种动作命令,驱动数控机床进给传动系统的运动。它的伺服精度和动态响应是影响数控机床的加工精度、表面质量和生产率的重要因素之一。

(5) 位置反馈系统 位置反馈系统的作用是通过位置传感器将伺服电动机的角位移或数控机床执行机构的直线位移转换成电信号,输送给数控装置,使之与指令信号进行比较,并由数控装置发出指令,纠正所产生的误差,使数控机床按工件加工程序要求的进给位置和速度完成加工。

(6) 机床本体 机床本体包括主传动系统、进给系统以及辅助装置等。对于数控加工中心,还有存放刀具的刀库、自动换刀装置(ATC)和自动托盘交换装置等。与传统的机床相比,数控机床的结构强度、刚度和抗振性、传动系统和刀具系统的部件结构、操作机构等方面都发生了很大的变化,其目的是为了满足数控加工的要求和充分发挥数控机床的效能。

2. 数控机床的工作原理

数控机床的工作原理见图 1-2。根据零件图样进行工艺分析,确定工艺方案,依据数控系统的规定指令编制零件的加工程序。视零件结构的复杂程度,可以采用手工或计算机自动编程。程序较小时,可以直接在数控机床的操作面板的输入区域操作;程序较大时,也可在装有编程软件的普通计算机上进行。经过相应的后置处理,生成加工程序。再通过机床控制系统上的通信接口或其他存储介质(软盘、光盘等),把生成的加工程序输入到数控机床的控制系统中。进入数控装置的信息,经过一系列处理和运算转变成脉冲信号。有的信号输送到机床的伺服系统,通过伺服机构处理传到驱动装置(主轴电机、步进或交、直流伺服电

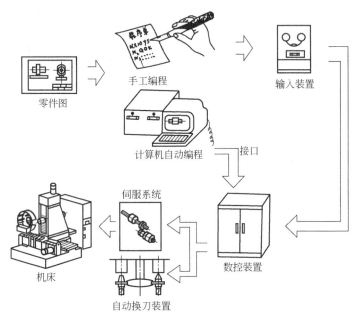

图 1-2 数控机床的工作原理

机），使刀具和工件严格执行零件加工程序所规定的运动；有的信号送到可编程控制器，用以控制机床的其他辅助运动，如主轴和进给运动的变速、液压或气动装夹工件、冷却液开关等。

第二节 数控机床分类及特点

一、数控机床分类

在金属切削机床常用的车床、铣床、刨床、磨床、钻床、镗床、插床、拉床、切断机床、齿轮加工机床中，据调查除插床外国内外都开发了数控机床，并且品种越来越细。加之数控机床生产厂家为了宣传和竞争的需要，在其产品名称上又加上反映机床本身特点或控制性能方面特点的词语，使得数控机床名称繁多。这里介绍几种常用的分类方法。

（一）根据机床加工特性和主要工艺用途分类

与普通机床一样，数控机床根据机床加工特性和主要工艺用途可分成数控车床（含车削中心）、数控铣床（含铣削中心）、数控镗床、以铣镗削为主带刀库的加工中心（型号用TH）、数控磨床、数控钻床、数控拉床、数控刨床、数控切断机床、数控齿轮加工机床、数控特种加工机床（如数控电火花加工机床）、数控板材成形加工机床、柔性加工单元（FMC）、柔性制造系统（FMS）等。

（二）按数控机床运动方式分类

1. 点位控制数控机床

这类数控机床的数控装置只控制刀具从一点到另一点的准确定位，在移动过程中不进行加工，对两点间的移动速度及运动轨迹没有严格的要求。如图1-3所示，起点到终点的运动轨迹可以是1轨迹或2轨迹中的任意一种。这类数控机床主要有数控钻床、数控冲剪床和数控测量机等。

2. 直线控制数控机床

这类数控机床的数控装置除了控制点与点之间的准确位置以外，还要保证两点之间移动轨迹是一条直线，而且对移动的速度也要进行控制，以便适应随工艺因素变化的不同需要。这类数控机床主要有简易数控车床、数控镗铣床等。如图1-4所示。

3. 轮廓控制数控机床

这类数控机床的数控装置能同时对两个或两个以上运动坐标的位移及速度进行连续相关的控制，它不仅要控制机床移动部件的起点与终点坐标，而且要控制整个加工过程每一点的速度、方向和位移量，使合成的平面或空间的运动轨迹能满足加工的要求，如图1-5所示。由于需要精确地同时控制两个或更多的坐标运动，数据处理的速度比点位控制要高，因此，

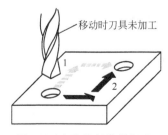

图1-3 点位控制数控机床

图1-4 直线控制数控机床

图1-5 轮廓控制数控机床

机床计算机一般要求具有较高速度的运算和信息处理能力。这类数控机床主要有数控铣床、数控车床等。

随着数控装置的发展，要增加轮廓控制功能，只需增加插补运算软件即可，这几乎不带来成本的提高。因此，除少数专用的数控机床（如数控钻床、数控冲床等）以外，现代的数控机床都具有轮廓控制功能。

（三）按数控机床伺服系统的控制方式分类

1. 开环控制系统的数控机床

开环控制系统的数控机床通常不带位置检测元件，使用步进电动机作为执行元件。数控装置每发出一个指令脉冲，经驱动电路功率放大后，就驱动步进电动机旋转一个角度，再由传动机构带动工作台移动。图1-6是一个典型的开环控制系统。

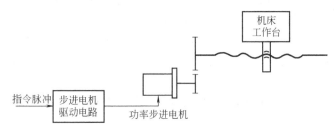

图1-6 开环控制系统

开环控制系统的数控机床受步进电动机的步距精度和传动机构的传动精度的影响，难于实现高精度加工。但由于系统结构简单、成本较低、技术容易掌握，所以目前仍有应用。普通机床的数控化改造大多采用开环控制系统。

2. 闭环控制系统的数控机床

闭环控制系统的数控机床的数控装置将位移指令信号与位置元件检测测得的工作台实际位置反馈信号随时进行比较，根据其差值及指令进给速度的要求，按一定的规律进行转换后，得到进给伺服系统的速度指令信号。此外还利用与伺服驱动电动机同轴钢性连接的测速元器件随时实测驱动电动机的转速，得到速度反馈信号，将它与速度指令信号相比较，得到速度误差信号，对驱动电动机的转速随时进行校正。利用上述的位置控制和速度控制的两个回路，可以获得比开环伺服系统精度更高、速度更快、驱动功率更大的特性指标。从图1-7中可以看到，闭环系统的位置检测元件安装在执行部件上，用以实测执行部件的位置或位移量。

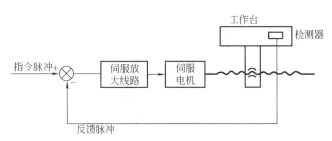

图1-7 闭环控制系统

3. 半闭环控制系统的数控机床

如果将位置检测元件安装在驱动电动机的端部，或安装在传动丝杠端部，间接测量执行部件的实际位置或位移,就是半闭环控制系统,如图 1-8 所示。它可以获得比开环系统更高的精度,但它的位移精度比闭环系统要低。由于位置检测元件安装方便、调试容易,现在大多数数控机床多采用半闭环控制系统。

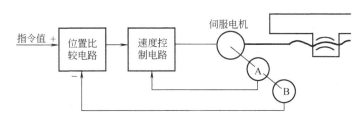

图 1-8　半闭环控制系统

(四) 按功能水平分类

1. 经济型数控机床

经济型数控机床大多指采用开环控制系统的数控机床,功能简单,价格便宜,适用于加工精度要求不高的场合。

2. 标准型数控机床

这类数控机床的功能较为齐全,价格适中,应用较为广泛。

3. 多功能型数控机床

这类数控机床功能齐全,价格较高。加工复杂零件的大中型数控机床及柔性制造系统(FMS)、计算机集成制造系统(CIMS)使用的数控机床一般为多功能型数控机床。

4. 加工中心

它是在数控机床上配置刀库,其中存放着不同数量的各种刀具或检具,在加工过程中由程序自动选用和更换,从而将铣削、镗削、钻削、攻螺纹等功能集中在一台设备上完成,使其具有多种工艺手段。

(五) 按联动坐标轴数分类

1. 单轴移动数控机床

X、Y、Z 三轴中任意一根轴作插补移动。

2. 两轴联动数控机床

X、Y、Z 三轴中任意两轴作插补联动。如第三轴作单独的周期进刀,常称 2.5 轴联动。由于 2.5 轴坐标加工的刀具中心轨迹为平面曲线,故编程计算较为简单。

3. 三轴联动数控机床

X、Y、Z 三轴可同时插补联动。三轴联动的数控刀具轨迹可以是平面曲线或者空间曲线。三坐标联动加工常用于复杂曲面的精确加工,但编程计算较为复杂。

4. 多轴(多坐标)联动数控机床

除了 X、Y、Z 三轴平动之外,还有工作台或者刀具的转动。有些精度高形状复杂的零件如螺旋桨、飞机发动机叶片,在三坐标联动的机床上无法加工,加工这些形状复杂的零件都需要三坐标以上的数控机床。多轴(多坐标)联动数控机床的特点是数控轴多、机床结构复杂、编程较为复杂。

二、数控机床的特点

(一) 自动化程度高

数控加工过程是按输入的程序自动完成的，操作者只需起始对刀、装卸工件、更换刀具，加工过程中主要是观察和监督机床运行，因此可以减轻操作者的体力劳动强度。但是由于数控加工的技术含量高，操作者的脑力劳动强度相应提高。

（二）加工的零件质量高且稳定

数控机床的定位精度和重复定位精度都很高，较容易保证一批零件尺寸的一致性，只要工艺设计和程序正确合理，加之精心操作，就可以保证零件获得较高的加工精度，也便于对加工过程进行质量控制。

（三）生产效率高

数控机床加工时能在一次装夹中加工多个加工表面，一般只检测首件，所以可以省去普通机床加工时的不少中间工序，如划线、尺寸检测等，减少了辅助时间，而且由于数控加工的质量稳定，为后续工序带来方便，其综合效率明显提高。

（四）适于产品改型和新产品研制

数控加工一般不需要很多复杂的工艺装备，通过编制加工程序就可把形状复杂和精度要求较高的零件加工出来，当产品改型更改设计时，只要改变程序，而不需要重新设计工装。所以，数控加工能大大缩短产品研制周期，为新产品的研制开发、产品的改进改型提供了捷径。

（五）可向更高级的制造系统发展

数控机床及其加工技术是以计算机控制为基础的，因此可向更高级的制造系统发展。

（六）加工成本较高

这是由于数控机床设备价格高，首次加工准备周期较长，维修成本高等因素造成的。

（七）维修要求高

数控机床是技术密集型的机电一体化的典型产品，需要维修人员既懂机械，又要懂微电子维修方面的知识，同时还要配备较好的维修设备。

三、适合数控机床加工的零件

（一）多品种中小批量零件

数控机床特别适合加工多品种中小批量的零件。随着数控机床制造成本的逐步下降，现在不管是国内还是国外，数控机床加工大批量零件的情况也已经出现。加工很小批量和单件生产时，如能缩短程序的调试时间（离线编程与调试）和工装（刀、量、夹具）的准备时间也是可以选用的。

（二）精度要求高的零件

由于数控机床的刚性好、精度高、对刀精确、能方便地进行尺寸补偿，所以能加工精度要求高的工件。

（三）表面粗糙度值小的零件

在工件和刀具的材料、精加工余量及刀具角度一定的情况下，表面粗糙度取决于切削速度和进给速度。由于数控机床的刚性好、精度高，而且切削速度和进给速度可以根据零件的工艺要求进行实时的变化，因此数控机床可以加工表面粗糙度值小的零件。

（四）轮廓形状复杂的零件

由于数控机床可以实现多轴联动，数控机床具有直线插补和圆弧插补功能，而且平面曲线和三维空间曲线都可用直线或圆弧来逼近，因此数控机床可以加工轮廓形状复杂的零件。

第一章 数控铣床概述

第三节 数控铣床的基本知识

一、数控铣床的型号和组成

(一) 数控铣床的型号

根据《金属切削机床型号编制的方法》(GB 8129—87) 中规定,机床均用汉语拼音字母和数字按一定规律组合进行编号,以表示机床的类型和主要规格。如数控铣床编号 XK5025 中,字母与数字含义如下。

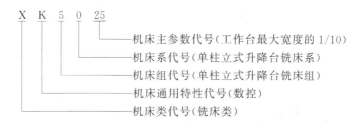

(二) 数控铣床的组成

数控铣床的组成如图 1-9 所示。

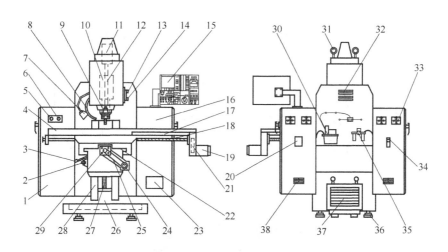

图 1-9 数控铣床的组成

1—电控制柜;2—升降工作台手摇轴;3—升降工作台锁紧手柄;4—升降工作台;5—总电源保护锁;6—总电源指示灯;7—照明灯;8—切削液喷管;9—刀具组(刀柄、刀具及夹头);10—主轴电动机;11—Z轴伺服电动机;12—Z轴滚珠丝杠;13—主轴锁紧旋钮;14—刀柄松开、夹紧旋钮;15—数控系统操作面板;16—驱动控制柜;17—X轴移动导轨;18—X轴滚珠丝杠;19—X轴伺服电动机;20—I/O接口;21—同步齿行带;22—Y轴移动导轨;23—伺服电动机、行程开关接线盒;24—Y轴伺服电动机;25—同步齿行带;26—传动丝杠螺母座;27—升降工作台传动丝杠;28—升降工作台导轨;29—Y轴滚珠丝杠;30—中央自动润滑系统;31—吊环;32、38—通风口;33—轴流风扇;34—总电源空气开关;35—气动三元件;36—防震垫脚;37—机床稳压器

二、数控铣削的加工范围

数控铣床的加工范围如图 1-10 所示。

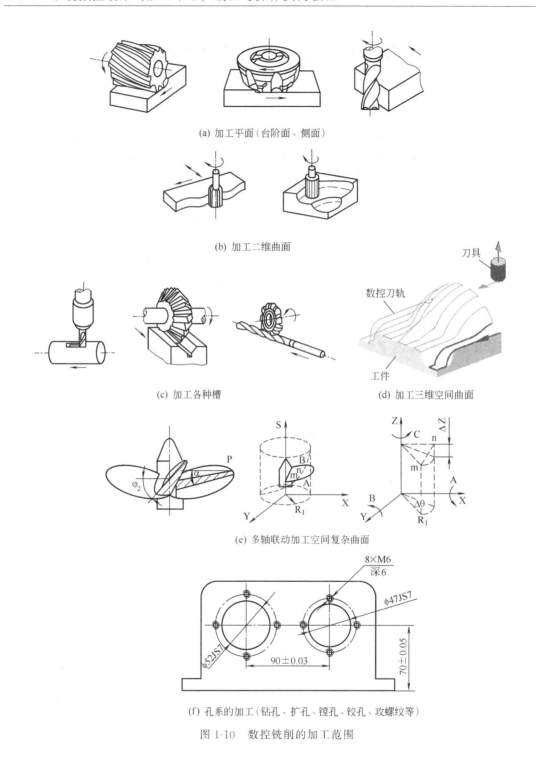

(a) 加工平面（台阶面、侧面）

(b) 加工二维曲面

(c) 加工各种槽

(d) 加工三维空间曲面

(e) 多轴联动加工空间复杂曲面

(f) 孔系的加工（钻孔、扩孔、镗孔、铰孔、攻螺纹等）

图 1-10 数控铣削的加工范围

第二章 数控铣床编程基本知识

第一节 数控机床坐标系

一、坐标和运动方向命名的原则

为简化编程和保证程序的通用性,对数控机床的坐标轴和方向命名制定了统一的标准,国际标准化组织以及一些工业发达国家都先后制定了数控机床坐标和运动命名的标准,我国机械工业部在 1982 年颁布了 JB 3052—82 部颁标准,本书在此作简单介绍。

坐标和运动方向命名的原则如下。

① 在数控机床中统一规定采用右手直角(笛卡尔)坐标系,如图 2-1 所示。图中大拇指的指向为 X 轴的正方向,食指指向为 Y 轴的正方向,中指指向为 Z 轴的正方向。

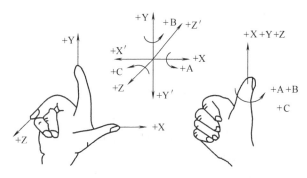

图 2-1 右手直角(笛卡尔)坐标系

② 坐标系中的各个坐标轴与机床的主要导轨相平行。

③ 机床在加工过程中不论是刀具移动还是被加工工件移动,都一律假定被加工工件相对静止不动而刀具在移动,并规定刀具远离工件的运动方向为坐标轴的正方向。

二、坐标运动的规定

(一) Z 坐标的运动

① 与主轴轴线平行的标准坐标轴即为 Z 坐标。如数控车床、数控立式镗铣床等。

② 若机床没有主轴(如数控刨床等),则 Z 坐标垂直于工件主要装夹面。

③ 若机床有几个主轴,可选择一垂直于工件装夹面的主要轴作为主轴,并以它确定 Z 坐标,如数控龙门铣床。

④ Z 坐标的正方向是增加刀具和工件之间距离的方向,如在钻镗加工中钻入或镗入工件的方向是 Z 的负方向。

(二) X 坐标的运动

X 坐标的运动是水平的,它平行于工件装夹面,是刀具或工件定位平面内运动的主要坐标。

① 在有回转工件的机床上,如车床、外圆磨床等,X 坐标方向是在工件径向,而且平

行于横向滑座,对于安装在横向滑座的主要刀架上的刀具远离工件回转中心的方向是X的正方向。

② 在有刀具回转的机床上(如铣床),若Z坐标是水平的(主轴是卧式的),当由主要刀具主轴向工件看时,X运动的正方向指向右方。如Z坐标是垂直的(主轴是立式的),当由主要刀具主轴向立柱看时,X运动的正方向指向右方。

③ 在没有回转刀具和回转工件的机床上(如牛头刨床),X坐标平行于主要切削方向,并且以该方向为正方向。

(三)Y坐标的运动

正向Y坐标的运动,根据X和Z的运动,按照右手笛卡尔坐标系来确定。

(四)旋转运动

在图2-1中,围绕X、Y、Z轴旋转的圆周进给坐标轴分别用A、B、C表示,其正方向用右手螺旋法则确定,以大拇指指向+X、+Y、+Z方向,则食指、中指等的指向是圆周进给运动的+A、+B、+C。

(五)附加坐标

如果在X、Y、Z主要直线运动之外另有第二组平行于它们的坐标运动,就称为附加坐标。它们分别被规定为U、V和W。

如果在第一组回转运动A、B、C之外,还有平行或不平行于A、B、C的第二组回转运动,可指定为P、Q、R。

(六)工件的运动

对于移动部分是工件而不是刀具的机床,必须将前面所介绍的移动部分是刀具的各项规定在理论上作相反的安排。若用+X、+Y、+Z表示刀具相对于工件正向运动的指令,则如果是工件移动则用加"′"的字母表示,按相对运动的关系,工件运动的正方向恰好与刀具运动的正方向相反,如图2-1所示。即有:

$$+X=-X', +Y=-Y', +Z=-Z'$$
$$+A=-A', +B=-B', +C=-C'$$

三、机床坐标系、机床原点和机床参考点

(一)机床坐标系

如图2-2所示,机床坐标系是机床上固有的坐标系,并设有固定的坐标原点,因此机床原点又称机械原点。对某一具体机床来说,在经过设计、制造和调整后,这个原点便被确定下来,它是机床上固定的点。

(二)机床参考点

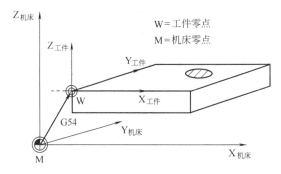

图2-2 机床坐标系、工件坐标系

为了正确地建立机床坐标系,通常在每个坐标轴的移动范围内设置一个参考点作为测量起点,它是机床坐标系中一个固定不变的极限点,其固定位置由各轴向的机械挡块来确定。一般数控机床开机后,通常要进行手动或自动(用MDI方式)回参考点,以建立机床坐标系。

机床参考点可以与机床零点重合,也可以不重合,通过参数指定机床参考点到机床

零点的距离。

机床回到了参考点位置，也就知道了该坐标轴的零点位置，找到所有坐标轴的参考点，机床坐标系就建立起来了。

机床参考点在数控机床制造厂产品出厂时就已经调好，并记录在机床使用说明书中，供用户编程使用，一般情况下不允许随意变动。

四、工件坐标系与工件原点

如图 2-2 所示，工件坐标系是编程人员在编程时使用的，编程人员选择工件上的某一已知点为原点（也称工件原点、程序原点），建立一个新的坐标系，称为工件坐标系。工件坐标系一旦建立便一直有效，直到被新的工件坐标系取代。

工件坐标系的原点是人为设定的，设定的依据是要尽量满足编程简单、尺寸换算少、引起加工误差小等条件。一般情况下，程序原点应选在设计基准或定位基准上。如对称零件或以同心圆为主的零件，编程原点应选在对称中心线或圆心上；Z 轴的工件原点通常选在工件的表面。

五、数控铣床坐标系

图 2-3 是典型的单柱立式数控铣床坐标系示意图。刀具沿与地面垂直的方向上下运动，工作台带动工件在与刀具垂直的平面（即水平面）内运动。机床坐标系的 Z 坐标是刀具运动方向，并且刀具向上运动为正方向。当面对机床进行操作时，刀具相对工件的左右运动方向为 X 坐标，并且刀具相对工件向右运动（即工作台带动工件向左运动）时为 X 坐标的正方向。Y 坐标的方向可用右手法则确定。若以 X'、Y'、Z' 表示工作台相对于刀具的运动坐标，而以 X、Y、Z 表示刀具相对于工件的运动坐标，则显然有 $X'=-X$，$Y'=-Y$，$Z'=-Z$。

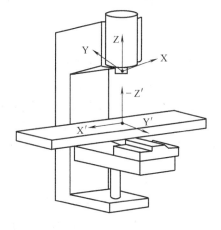

图 2-3 单柱立式数控铣床坐标系

六、起刀点和换刀点的确定

起刀点是指在数控机床上加工工件时刀具相对于工件运动的起始点。起刀点应选择在不妨碍工件装夹、不会与夹具相碰及编程简单的地方。

换刀点是指在数控机床上加工工件时更换刀具的点。换刀点应选择在不会与工件、夹具相碰及编程简单的地方。对于数控铣床，一般选在靠近 Z 轴参考点附近。

第二节 数控编程概述

用数控机床来加工零件，加工前必须按要求编写零件加工程序，加工过程中机床按零件加工程序自动完成加工任务。数控机床编程是数控加工的基础。数控编程就是用特定的符号和规定的语法规则书写的机床数控系统能够识别的计算机程序，该程序指挥机床的不同部分按一定的动作顺序、运动轨迹（包括速度、加速度）、主轴转速等进行工件的切削加工工作。数控机床编程前要对所加工零件进行工艺分析并作必要的数值计算，然后按所使用的数控系统和机床厂家提供的编程手册要求编写零件加工程序。编写好的复杂的零件加工程序还要进行仿真、试切等调试工作，才能用于零件的加工。

一、数控铣床编程特点

（一）尺寸字选用灵活

在一个程序中，根据被加工零件的图样标注尺寸，从方便编程的角度出发，可采用绝对尺寸编程、增量尺寸编程，也可以采用绝对尺寸、增量尺寸混合编程。

（二）固定循环功能

在编程时通过点定位并结合固定循环指令编程，可以进行钻孔、扩孔、铰孔和镗孔等加工，从而提高了编程工作效率。为简化编程，数控系统有不同形式的循环功能，可进行多次重复循环切削。

（三）直接按工件轮廓编程

在编程时利用刀具半径补偿指令，只需要按加工零件的实际轮廓进行编程，免除了对刀具中心轨迹的复杂计算。

（四）磨损补偿功能

当刀具磨损、更换新刀或刀具安装有误差时，可以利用刀具半径补偿指令和长度补偿指令补偿刀具在半径、长度方向上的尺寸变化，不必重新编制加工程序。

（五）子程序调用功能

在加工程序中，如果存在某一固定程序且重复出现的情况，在编程时可以调用子程序指令进行编程，并且在子程序中还可以嵌套下一级子程序，减少编程工作量。

（六）宏程序功能

在加工一些形状相似的系列零件，或加工非直线、圆弧组成的曲线时，可以采用宏程序进行编程，减少编程工作量。

二、数控编程的内容及工作步骤

数控编程是实现零件数控加工的关键环节，它包括从零件分析到获得数控加工程序的全过程，如图2-4所示。一般来说，数控编程包括以下工作。

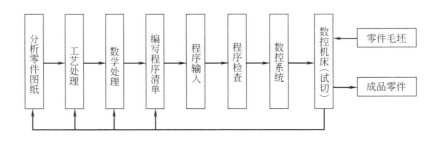

图 2-4　数控机床加工过程

（一）分析零件图，制定加工工艺方案

根据零件图样，对零件的形状、尺寸、材料、精度和热处理等技术要求进行工艺分析，合理选择加工方案，确定工件的加工工艺路线、工序及切削用量等工艺参数，确定所用机床、刀具和夹具。

（二）数学处理

根据零件的几何尺寸、工艺要求，设定坐标系，计算工件粗、精加工的轮廓轨迹，获得刀位数据。数控系统一般具有直线和圆弧插补功能，所以对于由直线和圆弧组成的形状简单的零件轮廓加工，只需计算出几何元素的起点和终点、圆弧的圆心、两几何元素的交点或切点（即节点）坐标值即可，有些要计算刀具中心的运动轨迹。对于由非圆曲线或曲面组成的形状复杂的零件，需要用直线段或圆弧段来逼近曲线，根据加工精度的要求计算出节点坐标，这个工作一般使用计算机完成。

（三）编写零件加工程序

根据制定的加工工艺路线、切削用量、刀具补偿量、辅助动作及刀具运动轨迹等条件，按照机床数控系统规定的指令代码及程序格式逐段编写加工程序。

（四）制备控制介质并输入到数控机床

把编制好的程序记录在控制介质上，并输入到数控机床中。这个工作可通过手工在操作面板直接输入；或利用计算机通信方式输入，由传输软件把计算机上的加工程序传输到数控机床。

（五）程序校验和试切

输入到数控系统的加工程序在正式加工前需进行验证，以确保程序正确。通常可以采用机床空运行的方法，检查机床动作和运动轨迹是否正确；在有图形显示功能的数控机床上，可以利用模拟加工的图形显示来检查运行轨迹的正确性。需注意的是这些方法只能检验运动是否正确，不能检验被加工零件的精度。因此，需进行零件的首件试切，当发现加工的零件不符合加工技术要求时，分析产生加工误差的原因，找出问题，修改程序或采取尺寸补偿等措施。

三、数控编程方法

（一）手工编程

手工编程就是指数控编程内容的工作全部由人工完成。对加工形状较简单的工件，其计算量小，程序短，手工编程快捷、简便。对形状复杂的工件采用手工编程有一定的难度，有时甚至无法实现。一般来说，由直线和圆弧组成的工件轮廓采用手工编程，非圆曲线、列表曲线组成的轮廓采用自动编程。

（二）自动编程

自动编程就是利用计算机专用软件完成数控机床程序编制工作。常用的自动编程软件有Mastercam、Unigraphics（UG）、Pro/ENGINEER、Cimatron、CAXA等。程序编制人员只需根据零件图样的要求使用数控语言，由计算机进行数值计算和工艺参数处理，自动生成加工程序，再通过通信方式传入数控机床。

第三节 数控铣床程序的结构组成

一、数控程序格式

（一）数控程序的组成结构

一个完整的数控加工程序由程序头、程序内容和程序结束语三部分组成。下面是一个数控加工程序的实例。一个零件程序是由遵循一定句法结构和格式规则的若干个程序段组成的，而每个程序段由若干个指令字组成，如图 2-5 所示。

1. 程序起始符

程序起始符一般为"％"或"O"，不同的数控机床起始符可能不同。程序起始符单列一行。

2. 程序名

单列一行，是以规定的英文字母（通常为 O）为首，后面接 4 位数字，如 O0600，也可称为程序号。

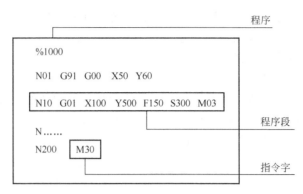

图 2-5　数控程序的组成结构

3. 程序内容

由多个程序段组成。程序段是数控程序中的一句，单列一行，用于指挥机床完成某一个动作。每个程序段又由若干个程序字组成，每个程序字表示一个功能指令，因此又称为功能字，它由字首及随后的若干个数字组成（如 X100）。字首是一个英文字母，称为地址字，它决定了字的功能类别。在程序末尾一般有程序结束指令，如 M30 或 M02，用于停止主轴、冷却液和进给，并使控制系统复位。

4. 程序结束符

程序结束的标记符，一般与程序起始符相同。

5. 注释符

括号内或分号后的内容为注释文字。

（二）程序字的格式

一个程序字（指令字）是由地址符（地址字）和带符号（如定义尺寸）的字，或不带符号（如准备功能字 G 代码）的数字数据组成的，程序段中不同的程序字及其后续数值确定了每个程序字的含义，在数控程序段中包含的主要指令字符如表 2-1 所示。

表 2-1　指令字中地址符英文字母含义

功　　能	地　　址	意　　义
程序号	O 或 %（EIA）	程序序号：O1～9999
程序段顺序号	N	顺序号：N1～9999
准备功能	G	动作模式（直线、圆弧等）
尺寸字	X,Y,Z	坐标移动指令
	A,B,C	坐标轴旋转指令
	U,V,W	附加轴坐标轴旋转指令移动、旋转坐标指令
	R	圆弧半径
	I,J,K	圆弧中心增量坐标
进给功能	F	进给速率
主轴旋转功能	S	主轴转速
刀具功能	T	刀具号
辅助功能	M	机床上辅助的开启关闭指令
补偿号	H,D	长度、半径补偿号
暂停	P,X	暂停时间
子程序号指定	P	子程序号的指定
子程序重复次数	L	子程序、固定循环重复次数
参数	P,Q,R	固定循环参数

（三）程序段的格式

一个程序段定义一个将由数控装置执行的指令行，程序段的格式定义了每个程序段中功能字的句法，如图2-6所示。程序段格式符号说明见表2-2。

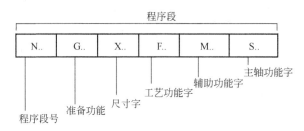

图 2-6　程序段的格式

表 2-2　程序段格式符号说明

符　号	说　明
/	表示在运行中可以被跳跃过去的程序段
N…	程序段号数值为1~9999的正整数，一般以5或10间隔，以便以后插入程序段时无须重新编排程序段号
字1…	表示程序段指令
;注释…	表示对程序段进行说明，位于程序段最后，但需用分号隔开
;	表示程序段结束
⎵	表示中间空格

① 程序段：包括执行程序所需要的全部数据内容。它由若干个程序字和程序段结束符";"组成。每个字由地址字和数值组成。

② 地址字：一般是一个字母，扩展地址符也可以包含多个字母。

③ 数字字：数值是一个数字串，可以带正负号和小数点，正号可以省略。

④ 由于程序段中有很多指令，建议程序段的顺序和格式为：

/N… G… X… Y… Z… T… D… M… S… F… ;

二、数控程序的基本指令

（一）准备功能

准备功能G指令是用地址字G和后面的数字组合起来（见表2-3），它用来规定刀具和工件的相对运动轨迹、机床坐标系坐标平面、刀具补偿、坐标偏置等多种加工操作，它的表示格式是：GXXX。G功能有非模态G指令和模态G指令之分。

① 非模态G（非续效代码或当段有效代码）指令是只在所规定的程序段中有效，程序段结束时被注销的指令。

② 模态G（续效代码）指令是一组可相互注销的G指令，这些指令一旦被执行，则一直有效，直到被同一组的G指令取代或注销为止。

（二）辅助功能

辅助功能由地址字M和其后的一或两位数字组成，主要用于控制零件程序的走向以及机床各种辅助功能的开关动作（见表2-4）。M功能有非模态M功能和模态M功能两种形式。

1. 非模态M功能

表 2-3　FANUC-0i Mate-MB 系统常用 G 代码及其含义

G 代码	组别	解　释	G 代码	组别	解　释
*G00	01	定位(快速移动)	*G54～G59	14	选择工件坐标系共 6 个
G01		直线插补	G54.1～G54.48		附加工件坐标系 48 个
G02		顺时针圆弧插补	G65	00	非模态调用宏程序
G03		逆时针圆弧插补	G66	12	模态调用宏程序
G04	00	暂停	*G67		模态宏程序调用取消
G15	17	极坐标指令取消	G68	16	坐标旋转有效
G16		极坐标指令	G69		坐标旋转取消
*G17	02	XY 面选择	G73	09	高速深孔钻循环
G18		XZ 面选择	G74		左螺旋加工循环
G19		YZ 面选择	G76		精镗孔循环
G20	06	英制尺寸(in)	*G80		取消固定循环
*G21		米制尺寸(mm)	G81		钻孔循环
G28	00	返回参考点	G82		钻台阶孔循环
G29		从参考点返回	G83		深孔往复钻削循环
G33	01	螺纹切削	G84		右螺旋加工循环
*G40	07	取消刀具半径补偿	G85		粗镗孔循环
G41		刀具半径左补偿	G86		镗孔循环
G42		刀具半径右补偿	G87		反向镗孔循环
G43	08	刀具长度正补偿	G88		镗孔循环
G44		刀具长度负补偿	G89		镗孔循环
*G49		取消刀具长度补偿	*G90	03	绝对坐标指令
*G50	11	比例缩放取消	G91		相对坐标指令
G51		比例缩放有效	G92	00	设置工件坐标系
*G50.1	22	可编程镜像取消	*G94	05	每分进给
G51.1		可编程镜像有效	G95		每转进给
G52	00	局部坐标系设定	*G98		固定循环返回起始点
G53		选择机床坐标系	G99		返回固定循环 R 点

注：带 * 者表示开机时会初始化的代码。

非模态 M 功能（当段有效代码）只在书写了该代码的程序段中有效。

2. 模态 M 功能

模态 M 功能（续效代码）是一组可相互注销的 M 功能，这些功能在被同一组的另一个功能注销前一直有效。

3. 常用辅助功能的功用

（1）程序暂停 M00　当 CNC 执行到 M00 指令时，将暂停执行当前程序，以方便操作者进行刀具更换和工件的尺寸测量、工件调头、手动变速等操作。暂停时机床的进给及冷却液停止，而全部现存的模态信息保持不变。欲继续执行后续程序，需重按操作面板上的循环启动键。M00 为非模态指令。

表 2-4　FANUC-0i Mate-MB 系统常用 M 代码及其含义

代码	说　　明	代码	说　　明
M00	程序停止	*M07	切削液开
M01	程序选择停止	*M08	切削液开
M02	程序结束	*M09	切削液关
*M03	主轴正转（CW）	M19	主轴定向停止
*M04	主轴反转（CCW）	M30	程序结束（复位）并回到程序开头
*M05	主轴停止	M98	子程序调用
M06	换刀	M99	子程序结束

注：带*者表示模态 M 功能的代码。

（2）程序结束 M02　M02 编在主程序的最后一个程序段中，当 CNC 执行到 M02 指令时，机床的进给、冷却液全部停止加工结束。使用 M02 的程序结束后，若要重新执行该程序，就得重新调用该程序。

（3）程序结束并返回到零件程序头 M30　M30 和 M02 功能基本相同，只是 M30 指令还兼有控制返回到零件程序头的作用。使用 M30 的程序结束后，若要重新执行该程序，只需再次按操作面板上的循环启动键。

（4）子程序调用 M98 及从子程序返回 M99

① M98 用来调用子程序。

② M99 表示子程序结束执行控制返回到主程序。

③ 子程序的格式

％ ＊ ＊ ＊ ＊

M99

④ 调用子程序的格式：M98 P××××××××，后四位为被调用的子程序号；前三位为重复调用次数；带参数调用子程序（G65，G66）的格式与 M98 相同。

（5）主轴控制指令 M03，M04，M05　M03 启动主轴以程序中编制的主轴速度顺时针旋转（正转），M04 启动主轴以程序中编制的主轴速度逆时针方向旋转（反转），M05 使主轴停止旋转。

（6）换刀指令 M06　M06 为换刀指令，它是非模态指令。

（7）冷却液打开与停止指令 M07，M08，M09　M07 和 M08 指令将打开冷却液，M09 指令将关闭冷却液。

（三）其他功能

1. 主轴功能 S

主轴功能 S 控制主轴转速，其后的数值表示主轴速度单位为转/每分钟（r/min）或米/每分钟（m/min）。S 是模态指令，S 功能只有在主轴速度可调节时有效。

2. 进给速度 F

F 指令表示刀具相对于工件的合成进给速度，F 的单位取决于 G94（每分钟进给量）或 G95（每转进给量）。操作面板上的倍率按键（或旋钮）可在一定范围内进行倍率修调。当执行攻螺纹循环 G74 和 G84、螺纹切削 G33 时，倍率开关失效，进给倍率固定在 100%。

3. 刀具功能（T 功能）

T 代码用于选刀后的数值,在加工中心上执行 T 指令,刀库转动选择所需的刀具,然后等待,直到 M06 指令作用时自动完成换刀。

4. 刀补功能(D,H 功能)

① 一个刀具可以匹配从 01 到 400 刀补寄存器中的刀补值(刀补长度和刀补半径),刀补值一直有效,直到再次换刀调入新的刀补值。

② 如果没有编写 D、H 指令,刀具补偿值无效。

③ 刀具半径补偿必须与 G41/G42 一起执行;刀具长度补偿必须与 G43/G44 一起执行。

第三章 数控铣床编程基本方法

第一节 数控铣床程序编制的基本方法课题一

一、教学目的

1. 学习工件坐标系设定 G92
2. 学习工件坐标系选择（G54～G59，G54.1～G54.48）
3. 学习选择机床坐标系 G53

二、编程的基本知识

（一）工件坐标系设定 G92

(1) 格式：G92 X__ Y__ Z__

(2) 说明：X__ Y__ Z__设定的工件坐标系原点到刀具起点的有向距离；G92 指令通过设定刀具起点与坐标系原点的相对位置建立工件坐标系，工件坐标系一旦建立，绝对值编程时的指令值就是在此坐标系中的坐标值；执行此程序段，只建立工件坐标系，刀具并不产生运动；G92 指令为非模态指令，一般放在一个零件程序的第一段。

例 使用 G92 指令建立如图 3-1 所示的工件坐标系。

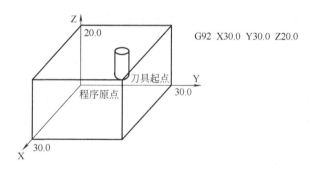

图 3-1 工件坐标系设定

（二）工件坐标系选择 G54～G59，G54.1～G54.48

(1) 格式：G54～G59 和 G54Pn (1～48)

(2) 功能：单个工件坐标系如图 3-2 所示，多个工件坐标系如图 3-3 所示。

(3) 说明：G54～G59、G54.1～G54.48 是系统预定的 54 个工件坐标系，可根据需要任意选用；这 54 个预定工件坐标系的原点在机床坐标系中的值（工件零点偏置值）可以先输入数控系统，工件坐标系一旦选定，后续程序段中绝对值编程时的指令值均为相对此工件坐标系原点的值；G54～G59、G54.1～G54.48 为模态功能，可相互注销，G54 为缺省值。

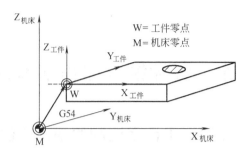

图 3-2 单个工件坐标系选择

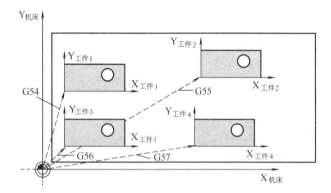

图 3-3 多个工件坐标系选择

(三) 选择机床坐标系 G53

(1) 格式：(G90) G53 X__ Y__ Z__；

(2) 功能：刀具根据这个命令执行快速移动到机床坐标系里的 X__ Y__ Z__ 位置。仅仅在程序段里有 G53 命令的地方起作用。此外，它在绝对指令 (G90) 里有效，在增量命令 (G91) 里无效。为了把刀具移动到机床固有的位置，像换刀位置，程序应当用 G53 命令在机床坐标系里编程。

(3) 说明：刀具半径补偿、刀具长度补偿应当在 G53 命令调用之前取消。在执行 G53 指令之前，必须返回机床参考点建立机床坐标系。

(四) 局部坐标系设定 G52

(1) 格式：G52 X__ Y__ Z__；

(2) 说明：X__ Y__ Z__ 是局部坐标系原点在当前工件坐标系中的坐标值；G52 指

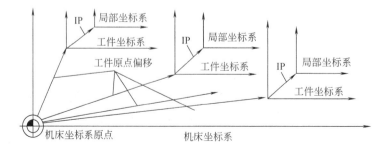

图 3-4 局部坐标系设定 G52

令能在所有的工件坐标系（G92，G54～G59）内形成子坐标系，即局部坐标系（见图 3-4）；含有 G52 指令的程序段中，绝对值编程方式的指令值就是在该局部坐标系中的坐标值。

第二节　数控铣床程序编制的基本方法课题二

一、教学目的

（一）理论知识方面

1. 学习快速移动指令 G00
2. 学习直线插补指令 G01
3. 学习绝对尺寸数据指令 G90 和增量尺寸数据指令 G91
4. 学习子程序的格式、子程序的调用

（二）实践知识方面

学习用较小直径的立铣刀或键槽铣刀铣平面的方法。

二、编程的基本知识

（一）快速定位（G00）

（1）快速移动指令 G00 用于快速移动并定位刀具，模态有效；快速移动的速度由机床数据设定，因此 G00 指令后不需加进给量指令 F；用 G00 指令可以实现单个坐标轴或多个坐标轴的快速移动，如图 3-5 所示。

（2）程序段格式：G00 X＿＿ Y＿＿ Z＿＿；

① 程序段中 X＿＿ Y＿＿ Z＿＿是 G00 移动的终点坐标。

② 刀具从当前位置移动到指令指定的位置（在绝对坐标 G90 方式下），或者移动到某个距离处（在增量坐标 G91 方式下）。

（3）非直线形式的定位：刀具路径不是直线，根据到达的顺序，机床轴依次停止在命令指定的位置，因此刀具路径不是直线，而是折线。

（二）直线插补进给指令（G01）

（1）使刀具以直线方式从起点移动到终点，用 F 指令设定的进给速度，模态有效；用 G01 指令可以实现单个坐标轴直线移动或多个坐标轴的同时直线移动（见图 3-6）。

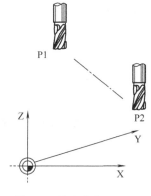

图 3-5　快速定位（G00）

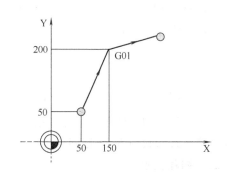

图 3-6　直线插补进给指令（G01）

（2）程序段格式：G01 X__ Y__ Z__ F__；

① 程序段中 X__ Y__ Z__ 是 G01 移动的终点坐标。

② 刀具以直线形式，按 F 代码指定的速率，从它的当前位置移动到程序要求终点的位置，F 的速率是程序中指定轴速率的合成速率。

（三）绝对尺寸/增量尺寸指令（G90/G91）

（1）G90/G91 设定的 X、Y 和 Z 坐标是绝对值还是相对值，与它们原来是绝对命令还是增量命令无关；含有 G90 命令的程序段和在它以后的程序段都由绝对命令赋值，而带 G91 命令及其后的程序段都用增量命令赋值；选择合适的编程方式可使编程简化，当图纸尺寸由一个固定基准给定时采用绝对方式编程较为方便，而当图纸尺寸是以轮廓顶点之间的间距给出时采用相对方式编程较为方便。

（2）格式：G90 或 G91

（3）说明：G90 绝对值编程，每个编程坐标轴上的编程值是相对于程序原点的；G91 相对值编程，每个编程坐标轴上的编程值是相对于前一位置而言的，该值等于沿轴移动有向距离；G90 和 G91 为模态功能，可相互注销，G90 为缺省值；G90 和 G91 可用于同一程序段中，要注意其顺序所造成的差异。

如图 3-7 所示，使用 G90 和 G91 编程，要求刀具由原点按顺序移动到 1、2、3 点。

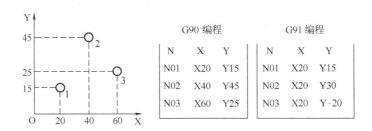

图 3-7　G90/G91 编程

（四）子程序

（1）在加工程序中，如果存在某一固定程序且重复出现的情况，在编程时可以用调用子程序指令进行编程，并且在子程序中还可以嵌套下一级子程序，减少编程工作量。

（2）M98 用来调用子程序，M99 表示子程序结束并返回到主程序。

（3）子程序的格式：

O＊＊＊＊

M99

（4）调用子程序的格式：M98 P××××××××；

后四位为被调用的子程序号，前三位为重复调用次数；G65 等带参数调用子程序，调用子程序的格式参数与 M98 相同。

三、编程实例

（一）零件图

零件图见图 3-8。

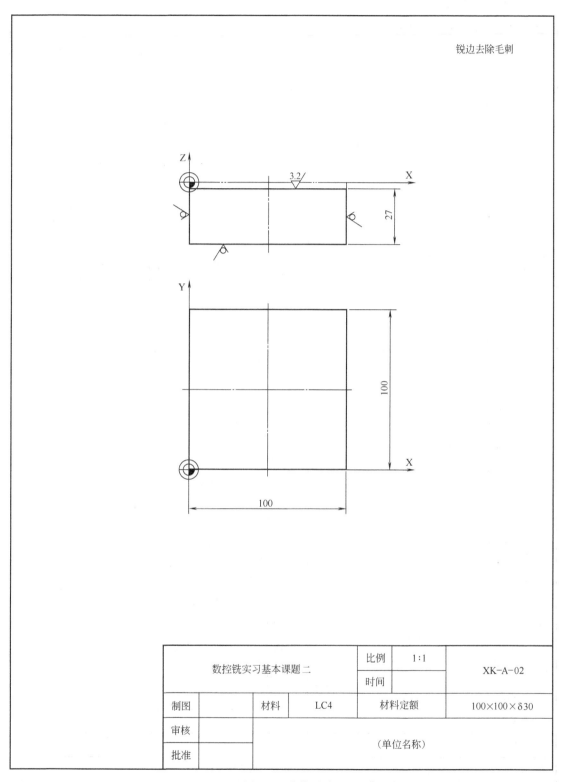

图 3-8 零件图

(二) 加工程序

数控铣床程序编制的基本方法课题二	刀 具 表	
	T01	ϕ16 圆柱立铣刀
	切 削 用 量	
	粗加工	精加工
主轴速度 S	800r/min	1000r/min
进给量 F	160mm/min	100mm/min
切削深度 a_p	2.8mm	0.2mm
加工程序(参考程序)	程 序 注 释	
O0001	主程序名(ϕ16 圆柱立铣刀铣平面)	
N10 G54 G90 G94 S800 M03 T01	设定工件坐标系(以工件毛坯左下角上表面顶点为工件原点),主轴正转转速为800r/min,必要的初始化	
N20 G00 X-10 Y7	快速移动点定位	
Z-2.8	快速下降至Z-2.8mm	
N30 F160	粗铣进给量F=160mm/min	
N40 M98 P40011	粗铣,调用4次子程序	
N50 G00 Z20	快速抬刀	
X-10 Y7	快速移动点定位	
Z-3	快速下降至Z-3mm	
N60 S1000 M03 F100	主轴正转转速为1000r/min,精铣进给量F=100mm/min	
N70 M98 P40011;	精铣,调用4次子程序	
N80 G00 X-100 Y0 Z100	快速抬刀	
N90 M05	主轴停止	
N100 M30	程序结束,返回程序头	
O0011	子程序名(ϕ16 圆柱立铣刀铣平面)	
N10 G91	用增量尺寸数据G91编程	
N20 G01 X120	直线插补进给	
Y15		
X-120		
Y15		
N30 G90	用绝对尺寸数据G90	
N40 M99	子程序结束,返回主程序	

第三节 数控铣床程序编制的基本方法课题三

一、教学目的
（一）理论知识方面
1. 学习刀具半径偏置（补偿）功能（G40/G41/G42）
2. 学习刀具长度偏置（补偿）功能（G43/G44/G49）
3. 学习米制尺寸指令 G21 和英制尺寸指令 G20
4. 学习进给速度单位的设定 G94/G95
5. 学习倒角、倒圆指令

（二）实践知识方面
学习用立铣刀或键槽铣刀铣台阶面和侧面的方法。

二、编程的基本知识
（一）刀具半径偏置（G40/G41/G42）
（1）功能：刀具半径偏置代码及功能见表 3-1，刀具补偿方向见图 3-9。

表 3-1　刀具半径偏置代码和功能

代　码	功　　能
G40	取消刀具半径偏置
G41	偏置在刀具行进方向的左侧(刀具半径左补偿)
G42	偏置在刀具行进方向的右侧(刀具半径右补偿)

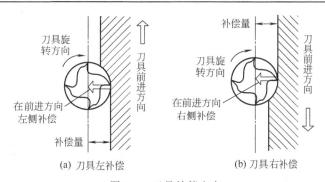

图 3-9　刀具补偿方向

（2）格式：
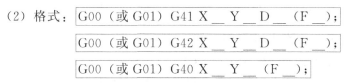

① 加工工件时，能够根据工件形状编制加工程序，同时不必考虑刀具半径。因此，在真正切削之前把刀具半径设置为刀具偏置值，能够获得精确的切削结果，就是因为系统本身计算了精确补偿的路径。

② 在编程时用户只要插入偏置向量的方向和偏置地址（在"D"后面是从 01 到 399 的数字）。

（二）刀具长度偏置（G43/G44/G49）
（1）格式：G00（G01）G43 Z__ H__；

G00（G01）G44 Z__ H__;

G00（G01）G49 Z__;

（2）功能

① 首先用一把铣刀作为基准刀，并且利用工件坐标系的 Z 轴，把它定位在工件表面上，其位置设置为 Z0。请记住，如果程序所用的刀具较短，那么在加工时刀具不可能接触到工件，即便机床移动到位置 Z0。反之，如果刀具比基准刀具长，有可能引起与工件碰撞损坏机床。为了防止出现这种情况，把每一把刀具与基准刀具的相对长度差输入到刀具偏置内存，并且在程序里让机床执行刀具长度偏置功能。

② 在设置偏置的长度时，使用正/负号。如果改变了（＋/－）符号，G43 和 G44 在执行时会反向操作。因此，该命令有各种不同的表达方式。

③ 如果刀具短于基准刀具时，偏置值被设置为负值；如果长于基准刀具，则为正值。因此，在编程时可仅用 G43 命令做刀具长度偏置。

④ G43、G44 或 G49 是模态指令，其功能见表 3-2。因此 G43 或 G44 命令在程序里紧跟在刀具更换之后，那么 G49 命令可能在该刀具加工结束，更换刀具之前调用。

表 3-2　G43、G44、G49 的功能

代　码	功　　能
G43	把指定的刀长偏置值加到命令的 Z 坐标值上（刀具长度正补偿）
G44	把指定的刀长偏置值从命令的 Z 坐标值上减去（刀具长度负补偿）
G49	取消刀长偏置值

⑤ 除了能够用 G49 命令来取消刀具长度补偿，还能够用偏置号码 H0 的设置（G43/G44 H0）来取消刀具长度补偿。

（三）尺寸单位选择 G20/G21

（1）格式：G20 或 G21

（2）说明

① G20 英制尺寸（in），G21 公制尺寸（mm）。

② G20、G21 为模态功能，可相互注销，G21 为缺省值。

（四）进给速度单位的设定 G94/G95

（1）格式：G94 [F__] 每分钟进给，单位据 G20/G21 的设定而为 mm/min、in/min；G95 [F__] 每转进给，单位据 G20/G21 的设定而为 mm/r、in/r。

（2）说明：G94、G95 为模态功能，可相互注销，G94 为缺省值。进给量单位的换算：如主轴的转速是 S（单位为 r/min），G94 设定的 F 指令进给量是 F（单位是 mm/min），G95 设定的 F 指令进给量是 f（单位是 mm/r）。换算公式是：$F=f\times S$

（五）倒角和倒圆角指令（,C/,R）

（1）功能：在零件轮廓拐角处（如倒角或倒圆），可以插入倒角或倒圆指令",C"或者",R"，与加工拐角的轴运动指令一起写入到程序段中。直线轮廓之间、圆弧轮廓之间以及直线轮廓和圆弧轮廓之间都可以用倒角或倒圆指令进行倒角或倒圆。

（2）格式：,C 插入倒角，数值为倒角长度；,R 插入倒圆，数值为倒圆半径。

（3）说明：无论是倒角还是倒圆都是对称进行的，如果其中一个程序段轮廓长度不够，则在倒圆或倒角时会自动削减编程值；如果几个连续编程的程序段中有不含坐轴移动指令的程序段，则不可以进行倒角/倒圆。

三、编程实例

（一）零件图

零件图见图 3-10。

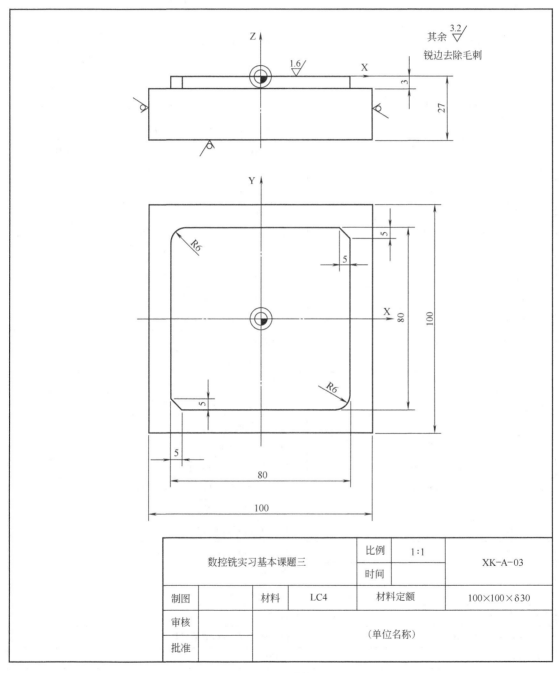

图 3-10 零件图

(二)加工程序

数控铣床程序编制的基本方法课题三	刀 具 表	
	T01	φ16 圆柱立铣刀
	切 削 用 量	
	粗加工	精加工
主轴速度 S	800r/min	1200r/min
进给量 F	160mm/min	120mm/min
切削深度 a_p	2.8mm	0.2mm
加工程序(参考程序)	程 序 注 释	
O0002	主程序名(φ16 圆柱立铣刀铣外轮廓)	
N10 G54 G94 G40 S800 M03 T01	设定工件坐标系,主轴正转转速为 800r/min,必要的初始化	
(N10 G54 G95 G40 S800 M03 T01)	或 G95 设定的 F 指令进给量单位	
N20 G00 X−40 Y−70 Z20	快速移动点定位	
Z−2.8	快速下降至 Z−2.8mm	
N30 G01 G41 D01 Y−60 F160	建立刀具半径左补偿进行粗铣,D01=8.2	
(N30 G01 G41 D01 Y−60 F0.2)	或 G95 设定的 F 指令进给量单位,D01=8.2	
Y40,R6	直线插补切削,形成倒圆角 R6	
X40,C5	直线插补切削,形成倒角 C5	
Y−40,R6	直线插补切削,形成倒圆角 R6	
X−40,C5	直线插补切削,形成倒角 C5	
Y−35	直线插补切削	
N40 G00 Z20	快速抬刀	
N50 G00 G40 X−40 Y−70	快速移动点定位,取消刀具半径补偿	
Z−3	快速下降至 Z−3mm	
N60 S1200 M03	精铣转速 1200r/min	
N70 G01 G41 D02 Y−60 F120	建立刀具半径左补偿进行精铣,D02=8	
N70 G01 G41 D02 Y−60 F0.1	或 G95 设定的 F 指令进给量单位,D02=8	
Y40,R6	直线插补切削,形成倒圆角 R6	
X40,C5	直线插补切削,形成倒角 C5	
Y−40,R6	直线插补切削,形成倒圆角 R6	
X−35 Y−40	直线插补切削	
X−60 Y−15	直线插补切削	
N80 G00 Z100	抬刀	
N90 G00 G40 X−100 Y0	快速移动点定位,取消刀具半径补偿	
N100 M05	主轴停止	
N110 M30	程序结束返回程序头	

第四节　数控铣床程序编制的基本方法课题四

一、教学目的
（一）理论知识方面
1. 学习切削平面选择指令功能（G17/G18/G19）
2. 学习圆弧插补指令（G02/G03）
3. 学习返回参考点指令（G28/G29）
（二）实践知识方面
学习用立铣刀或键槽铣刀铣圆弧面或挖圆弧槽的方法。
二、编程的基本知识
（一）圆弧插补和切削平面选择指令（G02/G03 和 G17/G18/G19）
切削平面选择及 G02/G03 如图 3-11 所示。
G02　顺时针圆弧插补
G03　逆时针圆弧插补
G17　选择 XY 平面
G18　选择 ZX 平面
G19　选择 YZ 平面

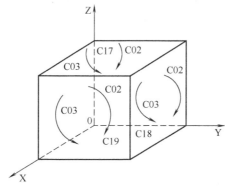

图 3-11　切削平面选择和 G02/G03

(1) 格式
① 圆弧在 XY 平面上

| G17 G02 (G03) G90 (G91) X__ Y__ I__ J__ F__ ; |

| 或 G17 G02 (G03) G90 (G91) X__ Y__ R__ F__ ; |

② 圆弧在 XZ 平面上

| G18 G02 (G03) G90 (G91) X__ Z__ I__ K__ F__ ; |

| 或 G18 G02 (G03) G90 (G91) X__ Z__ R__ F__ ; |

③ 圆弧在 YZ 平面上

| G19 G02 (G03) G90 (G91) Y__ Z__ J__ K__ F__ ; |

或 G19 G02（G03）G90（G91）Y__ Z__ R__ F__；

（2）说明

① X、Y、Z 是圆弧终点坐标，在 G90 时为圆弧终点在工件坐标系中的坐标，在 G91 时为圆弧终点相对于圆弧起点的位移量。

② I、J、K 是圆心相对于圆弧起点的增量坐标（等于圆心的坐标减去圆弧起点的坐标）。

③ R 是圆弧半径，当圆弧圆心角小于 180 时 R 为正值，否则 R 为负值。

④ F 是被编程的两个轴的合成进给速度。

（3）举例（见图 3-12）

圆弧编程程序段如下：

G17 G90 G03 X5 Y25 I-20 J-5；

或者

G17 G90 G03 X5 Y25 R20.616；

（二）返回原点（G28）、自动从原点返回（G29）

（1）格式：自动返回机床原点　G28 G90（G91）X__ Y__ Z__；

自动从机床原点返回　G29 G90（G91）X__ Y__ Z__；

（2）说明：由 X、Y 和 Z 设定的位置叫做中间点。机床先移动到这个点，而后回归机床原点。省略了中间点的轴不移动；只有在命令里指定了中间点的轴执行其原点返回命令。在执行原点返回命令时，每一个轴是独立执行的，这就像快速移动命令（G00）一样；通常刀具路径不是直线。因此，建议对每一个轴设置中间点，以免在返回机床原点时与工件发生碰撞等意外情况。

（3）举例（见图 3-13）

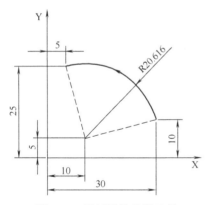
图 3-12　圆弧插补编程示例

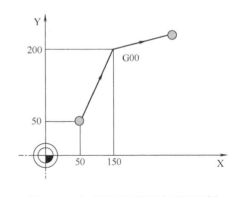
图 3-13　自动返回机床原点编程示例

自动返回原点（G28）编程程序段如下：

G28　G90 X150 Y200；

或者

G28　G91 X100 Y150；

三、编程实例

（一）零件图

零件图见图 3-14。

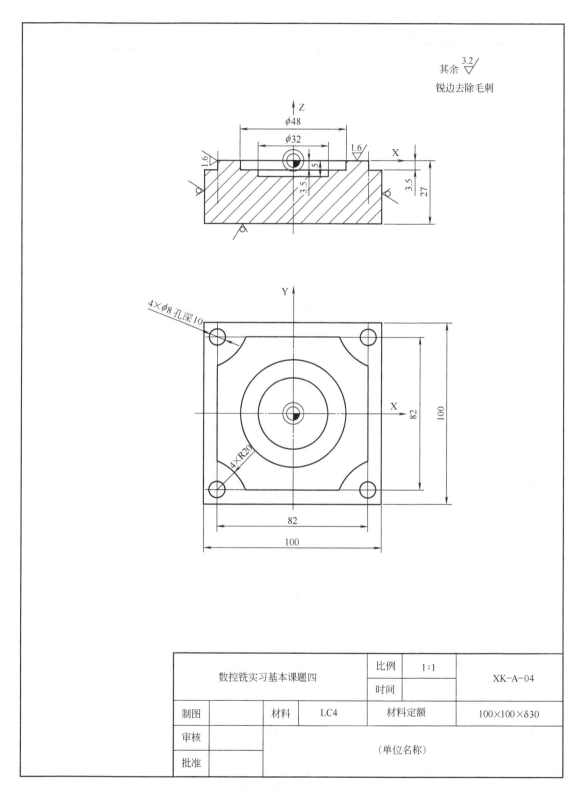

图 3-14 零件图

(二) 加工程序

数控铣床程序编制的基本方法课题四	刀 具 表	
	T01	φ16 圆柱立铣刀
	T02	φ10 键槽铣
	T03	φ8 麻花钻头
	切 削 用 量	
	粗加工	精加工
主轴速度 S	1000r/min	1200r/min
进给量 F	160mm/min	120mm/min
切削深度 a_p	4.8mm	0.2mm

加工程序(参考程序)	程 序 注 释
O0001	主程序名(φ16 圆柱立铣刀铣外轮廓)
N10 G54 G40 S1000 M03 T01	设定工件坐标系,主轴正转转速为1000r/min,必要的初始化
N20 G00 X−41 Y−85 Z20	快速移动点定位
Z−3.3	快速下降至Z−3.3mm
N30 G01 G41 D03 Y−60 F160	建立刀具半径左补偿进行粗铣,D03=24
Y21	直线插补切削
N40 G03 X−21 Y41 R20	逆时针圆弧插补顺铣圆弧R20
N50 G01 X21	直线插补切削
N60 G03 X41 Y21 R20	逆时针圆弧插补顺铣圆弧R20
N70 G01 Y−21	直线插补切削
N80 G03 X21 Y−41 R20	逆时针圆弧插补顺铣圆弧R20
N90 G01 X−21	直线插补切削
N100 G03 X−41 Y−21 R20	逆时针圆弧插补顺铣圆弧R20
N110 G00 Z20	快速抬刀
N120 G00 G40 X−41 Y−85	取消半径补偿
N130 G01 G41 D02 Y−60 F200	建立刀具半径左补偿进行粗铣,D02=8.2
Y21	直线插补切削
N140 G03 X−21 Y41 R20	逆时针圆弧插补顺铣圆弧R20
N150 G01 X21	直线插补切削
N160 G03 X41 Y21 R20	逆时针圆弧插补顺铣圆弧R20
N170 G01 Y−21	直线插补切削
N180 G03 X21 Y−41 R20	逆时针圆弧插补顺铣圆弧R20
N190 G01 X−21	直线插补切削
N200 G03 X−41 Y−21 R20	逆时针圆弧插补顺铣圆弧R20
N210 G00 Z20	快速抬刀
N220 G00 G40 X−41 Y−85	取消半径补偿
Z−3.5	快速下降至Z−3.5mm
N230 S1200 M03	精铣,主轴正转转速为1200r/min
N240 G01 G41 D03 Y−60 F120	建立刀具半径左补偿进行精铣,D03=24
Y21	直线插补切削
N250 G03 X−21 Y41 R20	逆时针圆弧插补顺铣圆弧R20
N260 G01 X21	直线插补切削
N270 G03 X41 Y21 R20	逆时针圆弧插补顺铣圆弧R20
N280 G01 Y−21	直线插补切削
N290 G03 X21 Y−41 R20	逆时针圆弧插补顺铣圆弧R20
N300 G01 X−21	直线插补切削
N310 G03 X−41 Y−21 R20	逆时针圆弧插补顺铣圆弧R20
N320 G00 Z20	快速抬刀
N330 G00 G40 X−41 Y−85	取消半径补偿
N340 G01 G41 D01 Y−60 F120	建立半径左补偿,D01=8
Y21	直线插补切削

续表

加工程序（参考程序）	程 序 注 释
N350 G03 X−21 Y41 R20	逆时针圆弧插补顺铣圆弧 R20
N360 G01 X21	直线插补切削
N370 G03 X41 Y21 R20	逆时针圆弧插补顺铣圆弧 R20
N380 G01 Y−21	直线插补切削
N390 G03 X21 Y−41 R20	逆时针圆弧插补顺铣圆弧 R20
N400 G01 X−21	直线插补切削
Y−60	直线插补切削
N410 G03 X−41 Y−21 R20	逆时针圆弧插补顺铣圆弧 R20
N420 G01 X−60	直线插补切削
N430 G00 Z10	快速抬刀
N440 G00 G40 X−100 Y−85	取消半径补偿
N450 G28 X−100 Y−85 Z20	自动返回机床原点
N460 M05	主轴停止
N470 M30	程序结束，返回程序头
O0002	程序名（φ10 键槽铣刀铣内圆弧槽）
N10 G55 G40 S1000 M03 T02	设定工件坐标系，主轴正转转速为 1000r/min，必要的初始化
N20 G00 X0 Y0 Z10	快速移动点定位
N30 G01 Z−4.8 F100	直线插补切削下降至 Z−4.8mm
X9 F200	直线插补切削
N40 G03 I−9 J0	逆时针圆弧插补铣圆弧
N50 G01 X10.8	直线插补切削
N60 G03 I−10.8 J0	逆时针圆弧插补铣圆弧
N70 G01 Z−3.3	直线插补切削至 Z−3.3mm
X18.8	直线插补切削
N80 G03 I−18.8 J0	逆时针圆弧插补铣圆弧
N90 S1200 M03	精铣主轴正转转速为 1200r/min
N100 G01 X0 Y0	直线插补切削返回原点
Z−5 F120	直线插补切削至 Z−5mm
X9	直线插补切削
N120 G03 I−9 J0	逆时针圆弧插补铣圆弧
N130 G01 X11	直线插补切削
N140 G03 I−11 J0	逆时针圆弧插补铣圆弧
N150 G01 X0 Y0	直线插补切削返回原点
Z−3.5	直线插补切削至 Z−3.5mm
X19	直线插补切削
N160 G03 I−19 J0	逆时针圆弧插补铣圆弧
N170 G01 X0 Y0	直线插补切削返回原点
N180 G00 Z10	快速抬刀
N190 G28 X0 Y0 Z20	自动返回机床原点
N200 M05	主轴停止
N210 M30	程序结束，返回程序头

第五节　数控铣床程序编制的基本方法课题五

一、教学目的
（一）理论知识方面
1. 学习坐标旋转指令（G68/G69）
2. 学习极坐标指令（G16/G15）
（二）实践知识方面
学习用面铣刀铣平面的方法。
二、编程的基本知识
（一）坐标旋转指令（G68/G69）

(1) 功能

① G68　建立旋转

② G69　取消旋转

(2) 格式

① G68　建立旋转

G17 G68 X__ Y__ R__；

G18 G68 X__ Z__ R__；

G19 G68 Y__ Z__ R__；

② G69　取消旋转　　G69

(3) 说明

① X、Y、Z 为旋转中心的坐标值。

② R 为旋转角度，单位是（°），逆时针为正，顺时针为负。

③ 在有刀具补偿的情况下先旋转后刀补；G68、G69 为模态指令，可相互注销，G69 为缺省值。

（二）极坐标指令（G16/G15）

(1) 功能

① 选择极坐标（G16）

② 取消极坐标（G15）

(2) 格式

① 选择极坐标　　G16

② 取消极坐标　　G15

(3) 说明

① 通常情况下一般使用直角坐标系（X，Y，Z），但工件上的点也可以用极坐标定义（见图 3-15）。如果一个工件或一个部件，当其尺寸以到一个固定点（极点）的半径和角度来设定时，往往就使用极坐标系。

② 极点定义和平面

极点定义：极点位置是一般相对于当前工件坐标系的零点位置。

平面：以坐标平面选择的平面作为基准平面。

③ 极坐标半径 RP：极坐标半径定义该点到极点的距离，模态有效。

④ 极坐标角度 AP：极角是指与所在平面中的横坐标轴之间的夹角（比如 XOY 平面中的 X 轴）。该角度可以逆时针是正角，顺时针是负角；模态有效。

三、编程实例

（一）零件图

零件图见图 3-16。

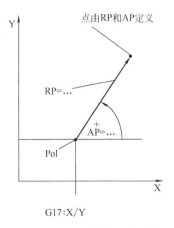

图 3-15　极坐标半径和极角

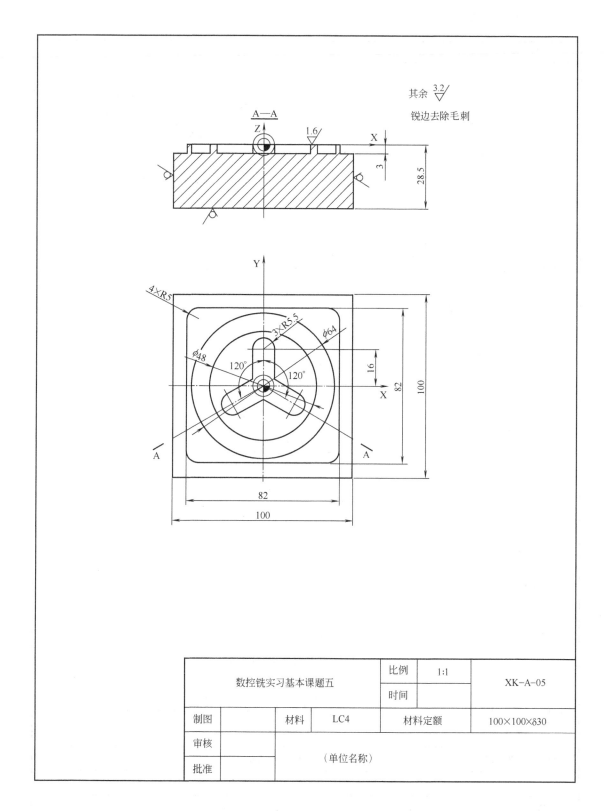

图 3-16 零件图

(二) 加工程序

数控铣床程序编制的基本方法课题五	刀 具 表	
	T01	φ80 面铣刀
	T02	φ16 圆柱立铣刀
	T03	φ8 键槽铣刀
	切削用量	
	粗加工	精加工
主轴速度 S	600/1000r/min	800/1200r/min
进给量 F	(120)150mm/min	(80)120mm/min
切削深度 a_p	2.8mm	0.2mm
加 工 程 序	程 序 注 释	
O0001(参考程序)	主程序名(φ80 面铣刀铣平面)	
N10 G54 S600 M03 T01	设定工件坐标系,主轴正转转速为 600r/min	
N20 G00 X-100 Y-15	快速移动点定位	
Z0.2	快速下降至 Z0.2mm	
N30 G01 X100 F120	直线插补粗铣平面	
Y60 F2000	直线移动定位	
X-100 F120	直线插补粗铣平面	
X-100 Y-15 F2000	直线移动定位	
Z0	直线移动下降至 Z0mm	
N40 S800 M03	精铣主轴正转转速为 800r/min	
N50 G01 X100 F80	直线插补精铣平面	
Y60 F2000	直线移动定位	
X-100 F80	直线插补精铣平面	
N60 G00 Z100	快速抬刀	
X-100 Y0		
N70 M05	主轴停止	
N80 M30	程序结束,返回程序头	
O0002	主程序名(φ8 键槽铣刀铣内圆、铣内槽)	
N10 G55 S1000 M03 T02	设定工件坐标系,主轴正转转速为 1000r/min	
N20 G00 X28 Y0 Z10	快速移动点定位	
N30 G01 Z-2.8 F100	下降至 Z-2.8mm	
N40 G02 I-28 J0	顺时针圆弧插补铣圆	
N50 G01 Z-3	直线插补下降至 Z-3mm	

续表

加 工 程 序	程 序 注 释
N60 S1200 M03	主轴正转转速为1200r/min
N70 G02 I-28 J0 F60	顺时针圆弧插补铣圆
N80 G00 Z10	抬刀
X0 Y0	X、Y返回工件原点
N90 S1000 M03	主轴正转转速为1000r/min
N100 M98 P0022	调用子程序铣一个人字内槽
N110 G68 X0 Y0 R120	坐标旋转120°
N120 M98 P0022	调用子程序铣另一个人字内槽
N130 G69	取消坐标旋转
N140 G68 X0 Y0 R240	坐标旋转240°
N150 M98 P0022	调用子程序铣第三个人字内槽
N160 G69	取消坐标旋转
N170 G00 X0 Y0 Z100	返回起刀点
N180 M05	主轴停止
N190 M30	程序结束,返回程序头
O0022	子程序(铣人字槽)
N10 G00 X-5.5 Y-10	快速移动点定位
N20 G00 G42 D01 Y0	建立刀具半径右补偿,D01=4.2
N30 G01 Z-2.8 F150	直线插补下刀至Z-2.8mm;进行粗铣
Y16	
N40 G02 X5.5 R-5.5	
N50 G01 X5.5 Y0	
N60 G00 Z10	抬刀
N70 G00 G40 X-5.5 Y-10	取消刀具半径右补偿
N80 S1200 M03	主轴正转转速为1200r/min
N90 G00 G42 D02 Y0	建立刀具半径右补偿 D02=4
N100 G01 Z-3 F120	直线插补下刀至Z-3mm;进行精铣
Y16	
N110 G02 X5.5 R-5.5	
N120 G01 X5.5 Y0	
N130 G00 Z10	抬刀
N140 G00 G40 X0 Y0	取消刀具半径右补偿
N150 M99	子程序结束

第六节　数控铣床程序编制的基本方法课题六

一、教学目的

1. 学习可编程镜像指令（G50.1/G51.1）
2. 学习可编程比例缩放指令（G50/G51）

二、编程的基本知识

（一）可编程镜像指令（G50.1/G51.1）

（1）功能

① G51.1 建立可编程镜像指令；

② G50.1 取消可编程镜像指令。

（2）格式

① G51.1 建立可编程镜像指令　　G51.1 X__ Y__ Z__ ;

② G50.1 取消可编程镜像指令　　G50.1

（3）说明

① X、Y、Z 为镜像中心的坐标值或镜像轴。

② 当工件相对于某一轴具有对称形状时，可以利用镜像功能和子程序只对工件的一部分进行编程，而能加工出工件的对称部分。

③ G50.1 和 G51.1 为模态指令，可相互注销，G50.1 为缺省值。

（二）可编程比例缩放指令（G50/G51）

（1）功能

① G51 可编程等比例缩放指令。

② G50 取消可编程比例缩放指令。

（2）格式

① G51 可编程等比例缩放指令　　G51 X__ Y__ Z__ P__ ;

② G51 可编程不等比例缩放指令　　G51 X__ Y__ Z__ I__ J__ K__ ;

③ G50 取消可编程比例缩放指令　　G50;

（3）说明

① X、Y、Z 为缩放中心的坐标值，P 为缩放比例，I、J、K 为 X、Y、Z 轴对应的缩放比例。

② G51 为可编程比例缩放指令，必须在单独一个程序段中；在有刀具补偿的情况下先进行缩放，然后再进行刀具半径补偿刀具长度补偿。

③ G50 和 G51 为模态指令，可相互注销，G50 为缺省值。

三、编程实例

（一）零件图（图 3-17）

（二）加工程序

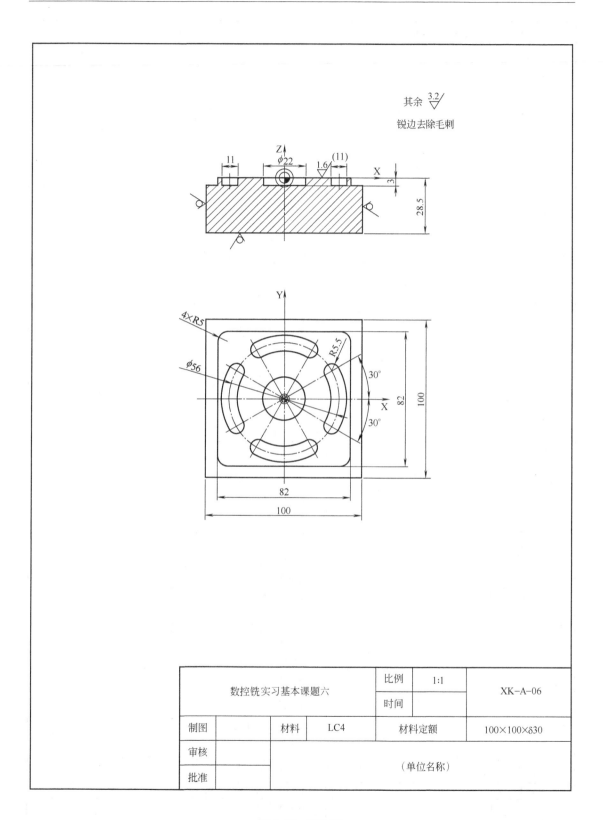

图 3-17 零件图

数控铣床程序编制的基本方法课题六	刀 具 表	
	T01	φ80 面铣刀
	T02	φ16 圆柱立铣刀
	T03	φ10 键槽铣刀
	切削用量	
	粗加工	精加工
	主轴速度 S	(600)1000r/min	(800)1200r/min
	进给量 F	120(150)mm/min	80(120)mm/min
	切削深度 a_p	2.8mm	0.2mm

加工程序(参考程序)	程 序 注 释
O0001	主程序名(φ80 面铣刀铣平面)
N10 G54 S600 M03 T01	设定工件坐标系,主轴正转转速为 600r/min
N20 G00 X－100 Y－15	快速移动点定位
Z0.2	快速下降至 Z0.2mm
N30 G01 X100 F120	直线插补粗铣平面
Y60 F2000	直线移动定位
X－100 F120	直线插补粗铣平面
X－100 Y－15 F2000	直线移动定位
Z0	直线移动下降至 Z0mm
N40 S800 M03	精铣主轴正转转速为 800r/min
N50 G01 X100 F80	直线插补精铣平面
Y60 F2000	直线移动定位
X－100 F80	直线插补精铣平面
N60 G00 Z100	快速抬刀
X－100 Y0	
N70 M05	主轴停止
N80 M30	程序结束,返回程序头
O0003	主程序名(铣内圆)
N10 G56 S1000 M03 T03	设定工件坐标系,主轴正转转速为 1000r/min
N20 G00 X0 Y0 Z10	快速移动点定位
N30 G01 Z－2.8 F100	直线插补下降至 Z－2.8mm,进行粗铣
X5.8 F150	直线插补
N40 G03 I－5.8 J0	逆时针圆弧插补铣圆
N50 S1200 M03	主轴正转转速为 1200r/min
N60 G01 Z－3 F120	直线插补下降至 Z－3mm,进行精铣
X6	直线插补
N70 G03 I－6 J0	逆时针圆弧插补铣圆
N80 G01 X0 Y0	直线插补
N90 G00 Z100	抬刀
N100 M05	主轴停止
N110 M30	程序结束,返回程序头
O0004	主程序名(铣 4 个圆弧槽)
N10 G56 G69 G40 G50.1 S1000 M03 T03	设定工件坐标系,主轴正转转速为 1000r/min
N20 G00 X0 Y0 Z10	快速移动点定位
N30 M98 P0044	调用子程序铣一个圆弧槽
N40 G68 X0 Y0 R90	坐标系旋转 90°
N50 M98 P0044	调用子程序铣第二个圆弧槽

续表

加工程序(参考程序)	程序注释
N60 G69	取消坐标系旋转
N70 G51.1 X0	以Y轴做镜像
N80 M98 P0044	调用子程序铣第三个圆弧槽
N90 G50.1 X0	取消以Y轴做镜像
N100 G68 X0 Y0 R270	坐标系旋转270°
N110 M98 P0044	调用子程序铣第四个圆弧槽
N120 G69	取消坐标系旋转
N130 M05	主轴停止
N140 M30	程序结束,返回程序头
O0044	子程序名(铣圆弧槽)
N10 S1000 M03	主轴正转转速为1000r/min
N20 G00 X22.5 Y−10	快速移动点定位
N30 G00 G42 D01 Y0	建立刀具右补偿进行粗铣,D01=5.2
N40 G01 Z−2.8 F100	
N50 G03 X19.486 Y11.25 R22.5 F150	
N60 G02 X29.012 Y16.75 R−5.5	
N70 G02 X29.012 Y−16.75 R33.5	
N80 G02 X19.486 Y−11.25 R−5.5	
N90 G03 X22.5 Y0 R22.5	
N100 G00 Z10	抬刀
N110 G00 G40 X22.5 Y−10	取消刀具右补偿
N120 G00 G42 D02 Y0	建立刀具右补偿进行精铣 D02=5
N130 S1200 M03	主轴正转转速为1200r/min
N140 G01 Z−3 F120	
N150 G03 X19.486 Y11.25 R22.5	
N160 G02 X29.012 Y16.75 R−5.5	
N170 G02 X29.012 Y−16.75 R33.5	
N180 G02 X19.486 Y−11.25 R−5.5	
N190 G03 X22.5 Y0 R22.5	
N200 G00 Z10	抬刀
N210 G00 G40 X0 Y0	取消刀具右补偿
N220 M99	子程序结束,返回主程序

第七节　数控铣床程序编制的基本方法课题七

一、教学目的
(一) 理论知识方面
1. 学习暂停指令 G04
2. 学习固定循环指令 (G73, G74, G76, G80~G89)
3. 学习返回初始平面指令 G98 和返回 R 平面指令 G99
(二) 实践知识方面
学习用中心钻、麻花钻头和丝攻、镗孔刀加工各类孔的方法。
二、编程的基本知识
(一) 暂停指令 G04
(1) 格式：G04 X__　　X__暂停时间单位为 s

G04 P__   P__暂停时间单位为 ms

(2) 说明

① G04 在前一程序段的进给速度降到零之后才开始暂停动作，在执行含 G04 指令的程序段时先执行暂停功能。

② G04 为非模态指令，仅在其被规定的程序段中有效。

③ G04 可使刀具作短暂停留，以获得圆整而光滑的表面（见图 3-18）；如对盲孔作深度控制时，在刀具进给到规定深度后，用暂停指令使刀具作非进给光整切削，然后退刀保证孔底平整。

(二) 固定循环

(1) 功能 数控加工中某些加工动作

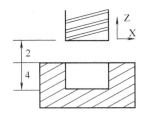

图 3-18 暂停指令 G04

循环已经典型化，例如钻孔、镗孔的动作，是孔位平面定位快速、工作进给、快速退回等这样一系列典型的加工动作，预先编好程序存储在内存中，作为固定循环的一个 G 代码程序段调用，从而简化编程工作。常用固定循环方式及功能见表 3-3。

表 3-3 固定循环方式及功能

G 代码	孔加工动作	在孔底的动作	退刀操作	应 用
G73	间歇进给	—	快速移动	断屑式高速深孔钻循环
G74		暂停→主轴正转	切削进给	攻左旋螺纹循环
G76	切削进给	主轴准停→刀具移位		精镗循环
G81		—	快速移动	钻孔循环，点钻循环
G82		暂停		钻孔循环，锪镗循环
G83	间歇进给	—		往复排屑式深孔钻循环
G84		暂停→主轴反转	切削进给	攻右旋螺纹循环
G85		—		粗镗孔循环
G86	切削进给	主轴停止	快速移动	半精镗孔循环
G87		主轴正转		背镗循环
G88		暂停→主轴停止	手动操作	精镗孔循环
G89		暂停	切削进给	镗台阶孔循环
G80	—	—	—	取消固定循环

① 孔加工固定循环指令有 G73、G74、G76、G81~G89，通常由 6 个动作构成（见图 3-19）。

a. X、Y 轴快速定位。

b. 快速定位到 R 点。

c. 进给加工。

d. 孔底的动作。

e. 退回到 R 平面。

f. 快速返回到初始平面。

② 固定循环的数据表达形式可以用绝对坐标（G90）和相对坐标（G91）表示，如图 3-19 所示，其中图 (a) 是采用 G90 的表示，图 (b) 是采用 G91 的表示。

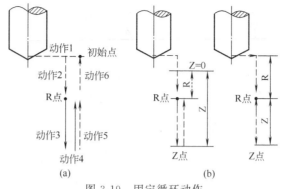

图 3-19 固定循环动作

(2) 格式：G98（G99）G＿X＿Y＿Z＿P＿Q＿R＿F＿K＿

① G98　返回初始平面。

② G99　返回 R 平面。

③ G＿固定循环代码　G73，G74，G76 和 G81～G89。

④ X、Y　加工起点到孔中心的距离（G91）或孔中心坐标（G90）。

⑤ R　初始平面到 R 平面的距离（G91）或 R 平面的坐标（G90）。

⑥ Z　孔底坐标（G90）或 R 点到孔底的距离（G91）。

⑦ Q　每次进给深度（G73/G83）。

⑧ P　刀具在孔底的暂停时间。

⑨ F　切削进给速度。

⑩ K　固定循环的次数（如果需要的话）。

(3) 说明：G73，G74，G76 和 G81～G89，Z，R，P，F，Q，K 是模态，指令 G80，G00，G01 等代码可以取消固定循环。

(4) 断屑式高速深孔钻循环 G73（见图 3-20）

① 格式：G73 X＿Y＿Z＿R＿Q＿F＿K＿

a. X＿Y＿：孔中心坐标。

b. Z＿：孔底坐标。

c. R＿：参考平面高度。

d. Q＿：每次切削进给的切削深度（无符号）。

e. F＿：切削进给速度。

f. K＿：重复次数（如果需要的话）。

② 功能示意图

(5) 往复排屑式深孔钻循环 G83（见图 3-21）

① 格式　G83 X＿Y＿Z＿R＿Q＿F＿K＿

a. X＿Y＿：孔位数据。

b. Z＿：孔底深度（绝对坐标）。

c. R＿：每次下刀点或抬刀点（绝对坐标）。

d. Q＿：每次切削进给的切削深度。

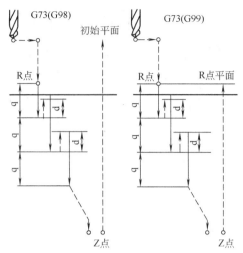

图 3-20 断屑式高速深孔钻循环 G73

e. F __：切削进给速度。

f. K __：重复次数（如果需要的话）。

② 功能示意图

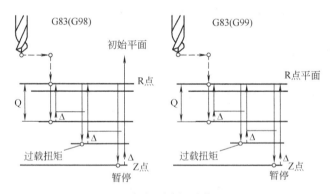

图 3-21 往复排屑式深孔钻循环 G83

(6) 钻孔循环、点钻循环 G81（见图 3-22）

① 格式：G81 X __ Y __ Z __ R __ F __ K __ ;

a. X __ Y __：孔位数据。

b. Z __：孔底深度（绝对坐标）。

c. R __：每次下刀点或抬刀点（绝对坐标）。

d. F __：切削进给速度。

e. K __：重复次数（如果需要的话）。

② 功能示意图

(7) 钻孔循环、锪镗循环 G82（见图 3-23）

① 格式：G82 X __ Y __ Z __ R __ P __ F __ K __ ;

a. X __ Y __：孔位数据。

b. Z __：孔底深度（绝对坐标）。

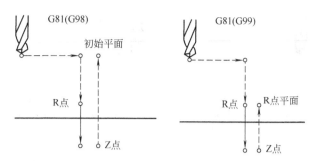

图 3-22　钻孔循环、点钻循环 G81

c. R＿：每次下刀点或抬刀点（绝对坐标）。

d. P＿：在孔底的暂停时间（单位：毫秒）。

e. F＿：切削进给速度。

f. K＿：重复次数（如果需要的话）。

② 功能示意图

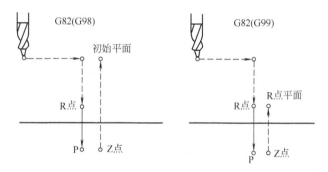

图 3-23　钻孔循环、锪镗循环 G82

(8) 攻左旋螺纹循环 G74（见图 3-24）

① 格式：G74 X＿Y＿Z＿R＿P＿F＿K＿

a. X＿Y＿：孔位数据。

b. Z＿：孔底深度（绝对坐标）。

c. R＿：每次下刀点或抬刀点（绝对坐标）。

d. P＿：暂停时间（单位：毫秒）。

e. F＿：切削进给速度（F＝主轴转数×螺纹导程）。

f. K＿：重复次数（如果需要的话）。

② 功能示意图

(9) 攻右旋螺纹循环 G84（见图 3-25）

① 格式：G84 X＿Y＿Z＿R＿P＿F＿K＿；

a. X＿Y＿：孔位数据。

b. Z＿：孔底深度（绝对坐标）。

c. R＿：每次下刀点或抬刀点（绝对坐标）。

d. P＿：暂停时间（单位：毫秒）。

45

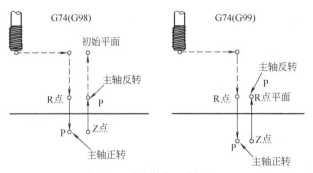

图 3-24 攻左旋螺纹循环 G74

e. F __：切削进给速度（F＝主轴转数×螺纹导程）。

f. K __：重复次数（如果需要的话）。

② 功能示意图

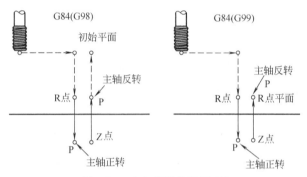

图 3-25 攻右旋螺纹循环 G84

(10) 粗镗孔循环 G85（见图 3-26）

① 格式：G85 X __ Y __ Z __ R __ F __ K __

a. X __ Y __：孔位数据。

b. Z __：孔底深度（绝对坐标）。

c. R __：每次下刀点或抬刀点（绝对坐标）。

d. F __：切削进给速度。

e. K __：重复次数（如果需要的话）。

② 功能示意图

(11) 半精镗孔循环 G86（见图 3-27）

① 格式：G86 X __ Y __ Z __ R __ F __ K __ ;

a. X __ Y __：孔位数据。

b. Z __：孔底深度（绝对坐标）。

c. R __：每次下刀点或抬刀点（绝对坐标）。

d. F __：切削进给速度。

e. K __：重复次数（如果需要的话）。

② 功能示意图

(12) 精镗循环 G76（孔底反向快速退刀精镗孔，见图 3-28）

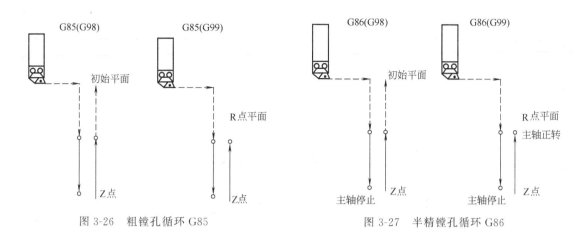

图 3-26 粗镗孔循环 G85   图 3-27 半精镗孔循环 G86

① 格式：G76 X__Y__Z__R__Q__P__F__K__;

a. X__Y__：孔位数据。

b. Z__：孔底深度（绝对坐标）。

c. R__：每次下刀点或抬刀点（绝对坐标）。

d. Q__：刀具偏移量。

e. P__：暂停时间（单位：毫秒）。

f. F__：切削进给速度。

g. K__：重复次数（如果需要的话）。

② 功能示意图

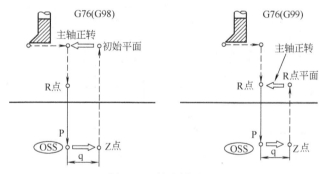

图 3-28 精镗循环 G76

（13）取消固定循环 G80

① 格式：G80

② 功能　这个命令取消固定循环，机床回到执行正常操作状态。孔的加工数据，包括 R 点、Z 点等都被取消；但是移动速率命令会继续有效。

③ 注意：要取消固定循环方式，除了 G80 命令之外，还能够用 G 代码 01 组（G00、G01、G02、G03 等）中的任意一个命令。

三、编程实例

（一）零件图

零件图见图 3-29。

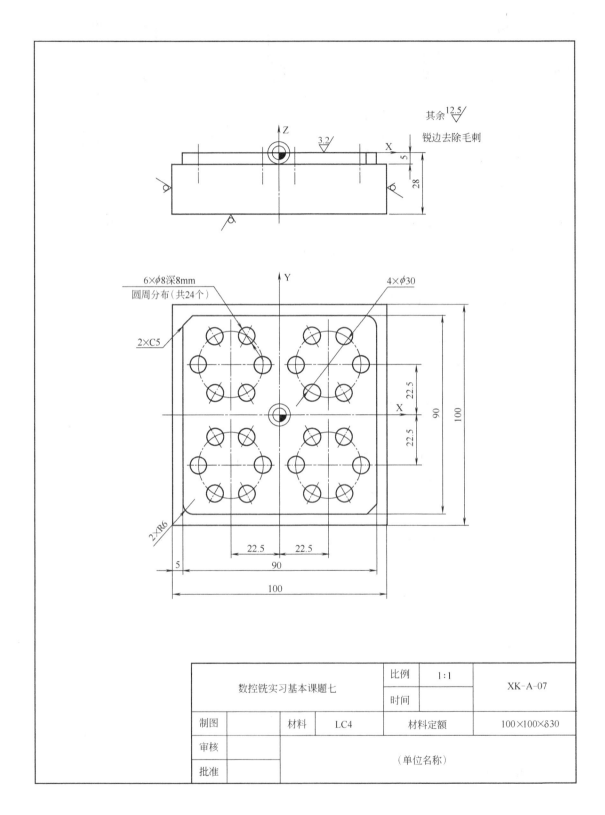

图 3-29 零件图

(二) 加工程序

数控铣床程序编制的基本方法课题七	刀具表	
	T01	φ8 麻花钻头
	切削用量	
	粗加工	精加工
	主轴速度 S	1200r/min	
	进给量 F	120mm/min	
	切削深度 a_p		
加工程序(参考程序)	程 序 注 释	
O0001	主程序名(钻孔主程序)	
N10 G54 G15 G90 S1200 M03 T01	设定工件坐标系,主轴正转转速为1200r/min	
N20 G00 X0 Y0 Z20	快速点定位	
N30 M98 P0033	调用子程序钻孔	
N40 G68 X0 Y0 R90	坐标系旋转90°	
N50 M98 P0033	调用子程序钻孔	
N60 G69	取消坐标系旋转	
N70 G68 X0 Y0 R180	坐标系转180°	
N80 M98 P0033	调用子程序钻孔	
N90 G69	取消坐标系旋转	
N100 G68 X0 Y0 R270	坐标系转270°	
N110 M98 P0033	调用子程序钻孔	
N120 G69	取消坐标系旋转	
N130 M05	主轴停止	
N140 M30	程序结束,返回主程序	
O0033	钻孔子程序	
N10 G52 X22.5 Y22.5	建立局部坐标系	
N20 G00 X0 Y0		
N30 G16	建立极坐标	
N40 G99 G73 X15 Y0 Z−10.3 R5 Q4 F120	钻孔深10.3mm,返回R平面,每次进给4mm	
Y60		
Y120		
Y180		
Y240		
G98 Y300		
N50 G15	取消极坐标	
N60 G52 X0 Y0	取消局部坐标系	
N70 G00 X0 Y0	回工件原点	
N90 M99	子程序结束,返回主程序	

第八节 数控铣床程序编制的基本方法课题八

一、教学目的
(一) 理论知识方面
学习宏指令编程基本知识。
(二) 实践知识方面
学习用宏指令编程加工非圆曲线、三维倒角倒圆等。

二、编程的基本知识
在加工一些形状相似的系列零件或加工非直线、圆组成的曲线时,可以采用宏程序进行编程,减少编程工作量。

1. 宏变量

﹟1—﹟33　　　　　　　局部变量
﹟100—﹟999　　　　　公共变量
﹟1000—　　　　　　　系统变量

2. 运算符与表达式

(1) 算术运算符　　　　＋　－　＊　／
(2) 条件运算符　　　　EQ　NE　GT　GE　LT　LE
(3) 逻辑运算符　　　　AND　OR　XOR
(4) 函数 SIN [ASIN] COS [ACOS] TAN [ATAN] ABS SQRT FIX FUP ROUND LN EXP
(5) 表达式:用运算符连接起来的常数宏变量构成表达式,如
175/SQRT [2] ＊ COS [55 ＊ PI/180]
① 赋值语句:把常数或表达式的值送给一个宏变量称为赋值。
② 格式:宏变量＝常数或表达式
如:﹟2＝175/SQRT [2] ＊COS [55＊PI/180]
﹟3＝124.0

3. 条件判别语句 IF　GOTO　THEN

(1) 无条件表达式　　　　GOTO n
(2) IF [条件表达式]　　　GOTO n
(3) IF [条件表达式] THEN

4. 循环语句 WHILE　DO [1-3] END [1-3]

格式:WHILE [条件表达式] DO [1-3]
END [1-3]

5. 宏程序的调用 G65, G66, G67

(1) 宏程序的非模态调用 G65
(2) 宏程序的模态调用 G66, G67

三、编程实例
(一) 零件图
零件图见图 3-30。

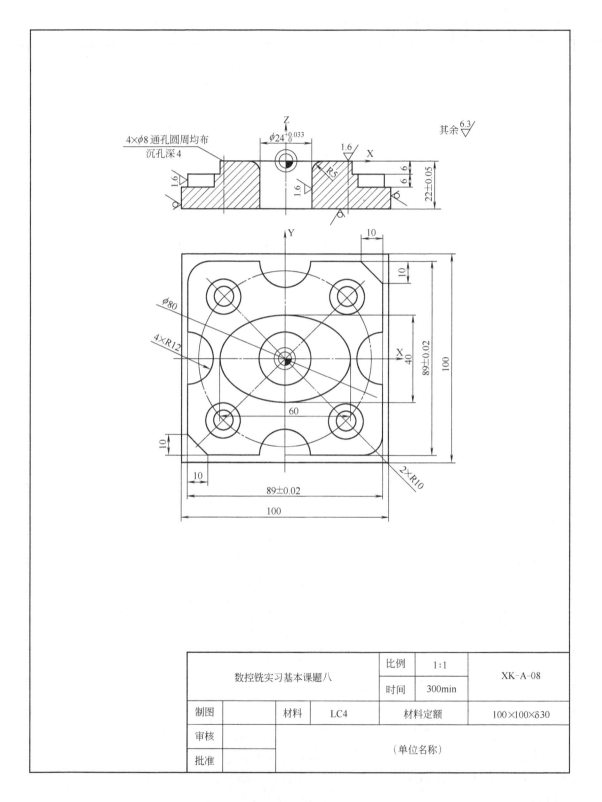

图 3-30 零件图

（二）加工程序

数控铣床程序编制的基本方法课题八	刀 具 表	
	T01	φ16 立铣刀
	T02	φ80 面铣刀
	T03	φ8 钻头
	T04	φ10 键槽铣刀
	T05	φ22 钻头
	T06	精镗孔刀
	切削用量	
		粗加工	精加工
	主轴速度 S	1200r/min	1500r/min
	进给量 F	180mm/min	120mm/min
	切削深度 a_p	小于13mm	0.2mm

加工程序（参考程序）	程 序 注 释
O0001	主程序（铣椭圆）
N10 G54 G40 S1200 M03 T01	设定工件坐标系，主轴正转转速为1200r/min
N20 G00 X－30 Y－70 Z10	快速移动点定位
Z－5.8	快速下降至Z－5.8mm
N30 G01 G41 D01 X－30 Y0 F180	建立刀具半径左补偿 D01=30
N40 G65 P0005	调用子程序铣椭圆外轮廓
N50 G00 Z10	刀具退到离工件表面10mm处
G40 X－30 Y－70	取消刀具半径左补偿
Z－5.8	快速下降至Z－5.8mm
N60 G01 G41 D02 X－30 Y0 F180	建立刀具半径左补偿 D02=15
N70 G65 P0005	调用子程序铣椭圆外轮廓
N80 G00 Z10	刀具退到离工件表面10mm处
G40 X－30 Y－70	取消刀具半径左补偿
Z－5.8	快速下降至Z－5.8mm
N90 G01 G41 D03 X－30 Y0 F180	建立刀具半径左补偿 D03=8.2
N100 G65 P0005	调用子程序铣椭圆外轮廓
N110 G00 Z10	刀具退到离工件表面10mm处
G40 X－30 Y－70	取消刀具半径左补偿
Z－6	快速下降至Z－6mm（精铣）
N120 S1500 M03	主轴正转转速为1200r/min
N130 G01 G41 D01 X－30 Y0 F120	建立刀具半径左补偿 D01=30
N140 G65 P0005	调用子程序铣椭圆外轮廓
N150 G00 Z10	刀具退到离工件表面10mm处
G40 X－30 Y－70	取消刀具半径左补偿
Z－6	快速下降至Z－6mm
N160 G01 G41 D02 X－30 Y0 F120	建立刀具半径补偿 D02=15
N170 G65 P0005	调用子程序铣椭圆外轮廓

续表

加工程序(参考程序)	程 序 注 释
N180 G00 Z10	刀具退到离工件表面10mm处
G40 X−30 Y−70	取消刀具半径左补偿
Z−6	快速下降至Z−6mm
N190 G01 G41 D04 X−30 Y0 F120	建立刀具半径补偿 D04=8
N200 G65 P0005	调用子程序
N210 G00 Z100	刀具快速退到离工件表面100mm处
G40 X−100 Y0	取消刀具半径左补偿
N210 M05	主轴停转
N220 M30	程序结束,返回程序开头
O0005	子程序(铣椭圆)
N10 #1=−180	1号变量初始值−180°
N20 WHILE [#1 LE 180] DO1	1号变量小于等于180°执行循环
N30 #2=30*COS[#1]	2号变量赋值
#3=20*SIN[#1]	3号变量赋值
N40 G01 X[#2] Y[#3]	直线插补铣削
N50 #1=#1+0.5	每次1号变量增加0.5°
N60 END1	结束执行循环1
N70 G01 Y5	直线插补铣削
N80 M99	子程序结束
O0010	主程序名(倒圆角)
N10 G57 S2000 M03 T04	设定工件坐标系,主轴正转转速为1500r/min
N20 G00 X0 Y0 Z10	回原点
X12	直线插补铣削
N30 G01 Z0 F120	直线插补下降至Z0mm
N40 G65 P0011	调用子程序倒圆角
N50 G00 Z100	刀具退到离工件表面100mm处
N60 M05	主轴停转
N70 M30	程序结束返回
O0011	子程序(倒圆角)
N10 #1=0	设置1号变量初始值为0
N20 WHILE [#1 LE 90] DO1	1号变量小于90°
N30 #2=12-5*SIN[#1]	2号变量
#3=5*COS[#1]−5	3号变量
N40 G01 X[#2] Z[#3] F100	X、Z轴直线插补铣削
N50 G03 I[−#2] J0 F1000	逆时针圆弧插补铣削
N60 #1=#1+0.5	1号变量每次增加0.5°
N70 END1	宏程序结束
N80 G00 X0 Y0	返回工件X、Y原点
N90 M99	子程序结束,并返回主程序

第二部分 数控铣床的操作

第四章 FANUC 0i 系统数控铣床操作

第一节 FANUC 0i 数控铣床操作面板

FANUC 0i 系统数控铣床面板由 CNC 数控系统面板（CRT/MDI 面板）和铣床操作面板组成。各机床制造厂制造的机床操作面板各不相同，现用南通机床厂制造的数控铣床（数控铣削加工中心）介绍如下。

一、机床操作面板

机床操作面板位于窗口的下侧，如图 4-1 所示，主要用于控制机床运行状态，由模式选择按钮、运行控制开关等多个部分组成，每一部分的详细说明见表 4-1。

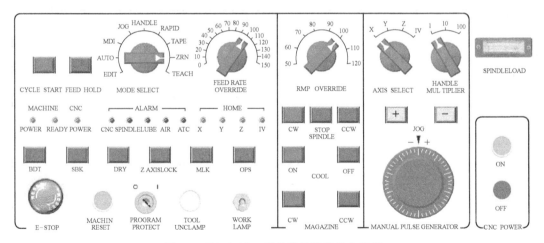

图 4-1 FANUC 0i 系统数控铣床操作面板

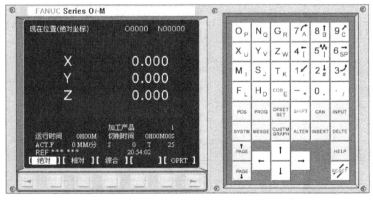

图 4-2 FANUC 0i（数控铣床）面板

表 4-1　数控铣床操作面板上的旋钮、键的名称和功能

旋钮或键	名　　称	功　　能
CYCLE START	循环启动键	在自动操作方式,选择要执行的程序后,按下此键自动操作开始执行;在 MDI 方式,数据输入后,按下此键开始执行 MDI 指令
FEED HOLD	循环停止键	机床在执行自动操作期间,按下此键,进给立即停止,但辅助动作仍然在进行
MODE SELECT	方式选择旋钮	EDIT(编辑)/AUTO(循环执行)/MDI(手动数据输入)/JOG(手动)/HANDLE(手轮)/RAPID(快速移动)/TAPE(纸带传输)/ZRN(返回参考点)/TEACH(示教)
FEED RATE OVERRIDE	进给率修调旋钮	当机床按 F 指令的进给量进给时,可以用此旋钮进行修调,范围是 0～150%;当用点动进给时,用此旋钮修调进给的速度
MACHINE POWER / CNC READY / POWER	CNC 指示灯	机床电源接通/机床准备完成/CNC 电源指示灯
ALARM CNC SPINDLE LUBE AIR ATC	报警指示灯	CNC/主轴/润滑油/气压/刀库报警指示灯
HOME X Y Z IV	参考点指示灯	X/Y/Z/第四轴参考点返回完成指示灯
BDT	程序段跳步键	在自动操作方式,按下此键将跳过程序中有"/"的程序段
SBK	单段运行键	在自动操作方式,按下此键,每按下循环启动键只运行一个程序段
DRY	空运行键	在自动操作方式或 MDI 方式,按下此键,机床为空运行方式
Z AXIS LOCK	Z 轴锁定键	在自动操作方式、MDI 方式或点动方式下,按下此键,Z 轴的进给停止

续表

旋钮或键	名称	功能
MLK	机床锁定键	在自动操作方式、MDI方式或点动方式下,按下此键,机床的进给停止,但辅助动作仍然在进行
OPS	选择停止键	在自动操作方式下,按下此键,执行程序中M01时,暂停执行程序
E-STOP	急停按钮	当出现紧急情况时,按下此键,机床进给和主轴立即停止
MACHIN RESET	机床复位按钮	当机床刚通电自检完毕释放急停按钮后,需按下此键,进行强电复位。另外,当X、Y、Z轴超程时,按住此键,手动操作机床,直至退出限位开关(选择X、Y、Z轴的负方向)
PROGRAM PROTECT	程式保护开关(锁)	需要进行程序编辑等、输入参数时,需用钥匙打开此锁
TOOL UNCLAMP	气动松刀按钮	当需要换刀时,手动操作按下此按钮进行松刀和紧刀
WORK LAMP	工作照明灯开关	工作照明开/关
RMP OVERRIDE	主轴转速修调旋钮	在自动操作方式和手动操作时,主轴转速用此旋钮进行修调,范围是0~120%
CW STOP CCW SPINDLE	主轴正转/停止/反转	在手动操作方式下,主轴正转/停止/反转
ON OFF COOL	冷却液开/关	在手动操作方式下,冷却液开/关

续表

旋钮或键	名称	功能
CW　CCW MAGAZINE	刀库正转/反转	在手动操作方式下,刀库正转/反转
X Y Z Ⅳ AXIS SELECT	轴选择旋钮	在手动操作方式下,选择要移动的轴
1 10 100 HANDLE MULTIPLIER	手轮倍率旋钮	在手脉操作方式下,用于选择手脉的最小脉冲当量(手脉转动一小格,对应轴的移动量分别为 $1\mu m$、$10\mu m$、$100\mu m$)
＋　－	正方向移动/负方向移动按钮	在手动操作方式下,所选择移动轴正方向移动/负方向移动按钮
JOG MANUAL PULSE GENERATOR	手动脉冲发生器(手脉)	在手脉操作方式下,转动手脉移动轴正方向移动(顺时针)/负方向移动按钮(逆时针)
SPINDLELOAD	主轴负载表	加工时显示主轴负载
ON OFF CNC POWER	CNC 系统电源开关	CNC 系统电源开/关

表 4-2 数控铣床 CNC 操作面板上的键的名称和功能

键	名 称	功 能
O_P N_Q G_R 7_A 8_B 9_C X_U Y_V Z_W 4_I 5_W^W 6_{SP} M_I S_J T_K $1_/$ $2_\#$ $3_=$ F_L H_D ^{EOB}E $-$ $.$ $/$	数字/字母键	输入数字、字母、字符。其中^{EOB}E是符号";"键,用于程序段结束符
POS	坐标键	坐标显示有三种方式,用按键选择
PRCG	程序键	在编辑方式,显示机床内存中的信息和程序;在 MDI 方式,显示输入的信息
OFSET SET	刀具补偿等参数输入键	坐标系设置、刀具补偿等参数页面。进入不同的页面以后,用按钮切换
SHIFT	上挡键	上挡功能
CAN	取消键	消除输入区内的数据
INPUT	输入键	把输入区内的数据输入参数页面
SYSTM	系统参数键	显示系统参数页面
MESGE	信息键	显示信息页面,如"报警"
CUSTM GRAPH	图形显示、参数设置键	图形显示、参数设置页面
ALTER	替换键	用输入的数据替换光标所在的数据
INSERT	插入键	把输入区之中的数据插入到当前光标之后的位置
DELTE	删除键	删除光标所在的数据。或者删除一个程序,或者删除全部程序
PAGE↑ PAGE↓	翻页键(PAGE)	向上翻页和向下翻页
光标键	光标移动(CURSOR)键	分别为向上、下、左、右移动光标
RESET	复位键	按下此键,复位 CNC 系统
HELP	系统帮助键	系统帮助页面

二、CNC 数控系统面板

CNC 系统操作键盘左侧为显示屏，右侧为编程面板。如图 4-2 所示。各部分详细说明见表 4-2。

第二节　FANUC 0i 数控系统操作及机床的基本操作

一、操作注意事项

① 每次开机前要检查一下铣床的中央自动润滑系统中的润滑油是否充裕，冷却液是否充足等。

② 在手动操作时，必须时刻注意，进行 X、Y 轴移动前，一般必须使 Z 轴处于抬刀位置，以避免刀具和工件、夹具、机床工作台上的附件等发生碰撞。

③ 铣床出现报警时，要根据报警信号查找原因，及时解除报警。

④ 更换刀具时注意操作安全。

⑤ 注意对数控铣床的日常维护。

二、开机步骤

① 接通外部总电源；启动空气压缩机。

② 接通数控铣床强电控制柜后面的总电源空气开关，此时机床下操作面板上"MACHINE POWER"指示灯亮。

③ 按下操作面板上"CNC POWER ON"键，系统将进入自检，操作面板上所有指示灯及带灯键将发亮。

④ 自检结束后，按下操作面板上的"MACHINE RESET"键 2~3s，进行机床的强电复位。如果在窗口下方的时间显示项后面出现闪烁的"NO READY"提示，一般情况是"E-STOP"键被按下，操作人员应将"E-STOP"键沿键上提示方向顺时针旋转释放该键，然后再次进行机床的强电复位。

三、关机步骤

① 一般把"MODE SELECT"旋钮旋至"EDIT"，把"FEEDRATE OVERRIDE"旋钮旋至"0"。

② 按下操作面板上的"E-STOP"键。

③ 按下操作面板上的"CNC POWER"的"OFF"键，使系统断电。

④ 关闭数控铣床强电控制柜后面的总电源空气开关。

⑤ 关闭空气压缩机；关闭外部总电源。

四、返回机床参考点

开机后，一般必须进行返回参考点操作，其目的是建立机床坐标系。操作步骤如下。

① 把下操作面板上的"MODE SELECT"旋钮，旋至"ZRM"，进入返回参考点操作。

② 首先在"JOG AXIS SElECT"旋钮中选择"Z"轴，然后一直按下"+"键，直至 HOME 中的 Z 轴指示灯亮为止。然后用同样的方法再分别回 X 轴、Y 轴参考点。

③ 如没有一次完成返回参考点操作，再次进行此操作时，由于工作台离参考点已很近，而轴的启动速度又很快，这样往往会出现超程现象，并引起报警。对于超程，通常的处理的办法是在手动方式下按下"JOG AXIS SELECT"中超程轴的负方向键，使轴远离参考点，再按正常的返回参考点操作进行。在"ZRM"方式下，返回参考点。

④ 因紧急情况而按下急停键，然后重新按下"MACHINE RESET"键复位后，在进行空运行或机床锁定运行后，都要重新进行机床返回参考点操作，否则机床操作系统会对机床零点失去记忆而造成事故。

⑤ 数控铣床返回参考点后，应及时退出参考点，以避免长时间压住行程开关而影响其寿命。

五、手动操作机床

数控铣床的手动操作包括：主轴的正、反转及停止操作；冷却液的开关操作；坐标轴的手摇脉冲移动、快速移动及点动操作等。

（一）主轴的启动及手动操作

① 把操作面板上的"MODE SELECT"旋钮旋至"MDI"。

② 在 CNC 面板上分别按下 M、0、3、S、5、0、0、；键，然后按"INSERT"键输入。然后分别按"CYCLE START"键执行"M03S500"的指令操作，此时主轴开始正转。

③ 在手动方式时，按操作面板上"SPINDLE"中的"CW"键可以使主轴正转，按"CCW"键可使主轴反转，按"STOP"键可使主轴停止转动。

（二）冷却液的开关操作

① 操作面板上的"MODE SELECT"旋钮旋至手动方式下，进行冷却液的开关操作。

② 在操作面板上按"COOL"中的"ON"键开启冷却液，按"OFF"键关闭冷却液。

（三）坐标轴的手动操作

（1）坐标轴点动操作

① 把操作面板上的"MADE SELECT"旋钮旋至"JOG"。

② 选择"AXIS SELECT"中的"X"、"Y"、"Z"移动坐标轴，按"JOG"中的"＋"、"－"键进行任一轴的正方向或负方向的调速移动，其移动速度由"FEEDRATE OVERRIDE"旋钮调节，其最大移动速度由系统参数设定。

（2）利用手摇脉冲发生器进行坐标轴的移动操作

① 把操作面板上的"MODE SELECT"旋钮旋至"HANDLE"。

② 在操作面板上的"AXIS SELECT"旋钮中选取要移动的坐标轴"X"、"Y"、"Z"。

③ 在"HANDLE MULTIPLER"旋钮中选取适当的脉冲倍率，摇动"MANUAL PULSE GENERATOR"作顺时针或逆时针转动，进行任一轴的正或负方向移动。

（3）坐标轴快速移动操作

① 把操作面板上的"MADE SELECT"旋钮旋至"RAPID"。

② 在操作面板上的"AXIS SELECT"旋钮中选取要移动的坐标轴"X"、"Y"、"Z"。

③ 按"JOG"中的"＋"、"－"键进行任一轴的正方向或负方向的快速移动，其移动速度由系统参数设定。

六、刀具半径、长度补偿量的设置

FANUC 0i-M 刀具补偿如图 4-3 所示。

① 按 [OFSET SET] 键进入参数设定页面，按"[补正]"。

② 用 [PAGE↓] 和 [PAGE↑] 键选择长度补偿、半径补偿。

③ 用 ↓ 和 ↑ 键选择补偿参数编号。

④ 输入补偿值到长度补偿 H 或半径补偿 D。

第四章 FANUC 0i 系统数控铣床操作

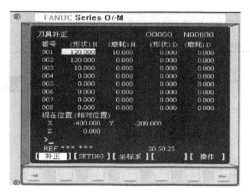

图 4-3　FANUC 0i-M 刀具补偿

⑤ 按 INPUT 键，把输入的补偿值输入到所指定的位置。

七、工件坐标系 G54～G59、G54.1～G54.48 零件原点参数的设置

FANUC 0i-M 工件坐标系如图 4-4 所示。

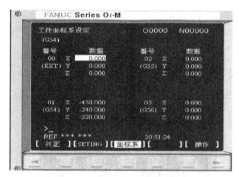

图 4-4　FANUC 0i-M 工件坐标系

① 按 OFSET/SET 键进入参数设定页面，按"坐标系"。

② 用 PAGE↓ PAGE↑ 或 ↓ ↑ 选择坐标系。

③ 输入地址字（X/Y/Z）和数值到输入域。按 INPUT 键，把输入域中间的内容输入到所指定的位置。

八、加工程序的输入和编辑

（一）选择一个程序

① 选择模式放在"EDIT"。

② 按 PROG 键输入字母"O"。

③ 按 7 键输入数字"7"，输入搜索的号码"O7"。

④ 按 ↓ 开始搜索。找到后，"O7"显示在屏幕右上角程序号位置，"O7" NC 程序显示在屏幕上。

（二）搜索一个程序段

① 选择模式"AUTO"位置。

② 按 PROG 键入字母"O"。

61

③ 按 键入数字 "7"，键入搜索的号码 "O7"。

④ 按 ■操作■ → ，"O7" 显示在屏幕上。

⑤ 可输入程序段号 "N30"，按 N检索 搜索程序段。

（三）输入编辑加工程序

① 模式置于 "EDIT"。

② 选择 PROG。

③ 输入被编辑的 NC 程序名（如 "O7"），按 INSERT 即可编辑。

④ 移动光标：按 PAGE↑ 或 PAGE↓ 翻页，按 ↓ 或 ↑ 移动光标，或用搜索一个指定的代码的方法移动光标。

⑤ 输入数据：按数字/字母键，数据被输入到输入域。CAN 键用于删除输入域内的数据。

⑥ 自动生成程序段号输入：按 OFSET/SET → [SETING] （图 4-5），在参数页面顺序号中输入 "1"，所编程序自动生成程序段号（如：N10…N20…）。

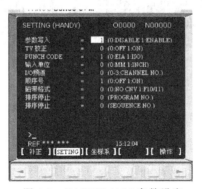

图 4-5　FANUC 0i-M 参数设定

⑦ 编辑程序

a. 按 DELTE 键，删除光标所在的代码。

b. 按 INSERT 键，把输入区的内容插入到光标所在代码后面。

c. 按 ALTER 键，用输入区的内容替代光标所在的代码。

⑧ 程序输入完毕后，按 "RESET" 键，使程序复位到起始位置，这样就可以进行自动运行加工了。

九、删除程序

（一）删除一个程序

① 选择模式在 "EDIT"。

② 按 PROG 键输入字母"O"。

③ 按 7A 键输入数字"7",输入要删除的程序的号码"07"。

④ 按 DELTE "07",NC 程序被删除。

（二）删除全部程序

① 选择模式在"EDIT"。

② 按 PROG 键输入字母"O"。

③ 输入"-9999"。

④ 按 DELTE 全部程序被删除。

十、自动操作

（一）自动运行操作

① 用查看已有的程序方法把所加工零件的程序调出。

② 在工件校正、夹紧、对刀后,输入工件坐标系原点的机床坐标值,设置好工件坐标系,输入刀具补偿值,装上加工的刀具等,把"MODE SELECT"旋钮旋至"AUTO"。

③ 把操作面板上的"FEEDRATE OVERRIDE"旋钮旋至"0",把操作面板上的"SPINDLE SPEED OVERRDIE"旋钮旋至"100%"。

④ 按下"CYCLE START"键,使数控铣床进入自动操作状态。

⑤ 把"FEEDRATE OVERRIDE"旋钮逐步调大,观察切削下来的切屑情况及数控铣床的振动情况,调到适当的进给倍率进行切削加工。

（二）机床锁定操作

① 对于已经输入到内存中的程序,其程序格式等是否有问题,可以采用空运行或机床锁定进行程序的运行,如果程序有问题,系统会做出错误报警,根据提示可以对错误的程序进行修改。

② 调出加工零件的程序。

③ 把"MODE SELECT"旋钮旋至"AUTO"。

④ 按下"MLK"键。

⑤ 按下"CYCLE START"键,执行机床锁定操作。

⑥ 在运行中出现报警,则说明程序有格式问题,根据提示修改程序。运行完毕后,重新执行返回参考点操作。

（三）单段运行操作

① 对于已经输入到内存中的程序进行调试,可以采用单段运行方式,如果程序在加工时有问题,根据加工工艺可以随时对程序进行修改。

② 置单段运行按钮按下及"ON"位置。

③ 程序运行过程中,每按一次"CYCLE START"键,执行一条指令。

（四）MDI 操作

① 有时加工比较简单的零件或只需要加工几个程序段,往往不编写程序输入到内存中,而采取用在 MDI 方式边输入边加工的操作。

② 把"MODE SELECT"旋钮旋至"MDI"进入。

③ 输入整个程序段,按下"CYCLE START"键,执行输入的程序段。执行完毕后,

继续输入程序段,再按下"CYCLE START"键,执行程序段。

第三节　数控铣床的对刀

零件加工前进行编程时,必须要确定一个工件坐标系。而在数控铣床加工零件时,必须确定工件坐标系原点的机床坐标值,然后输入到机床坐标系设定页面相应的位置(G54~G59,G54.1~G54.48)之中。要确定工件坐标系原点在机床坐标系之中的坐标值,必须通过对刀才能实现。常用的对刀方法有用铣刀直接对刀的操作、寻边器对刀。寻边器的种类较多,有光电式、偏心式等。

一、对刀的操作实质

无论是用铣刀直接对刀还是用寻边器对刀,就是在工件已装夹完成并装上刀具或寻边器后,通过手摇脉冲发生器等操作移动刀具,使刀具或与工件的前、后、左、右侧面及工件的上表面或与台阶面作极微量的接触切削,分别记下刀具或寻边器在此时所处的机床坐标系X、Y、Z坐标值,对这些坐标值作一定的数值处理后,就可以设定到G54~G59、G54.1~G54.48存储地址的任一工件坐标系中。具体步骤如下。

① 装夹工件,装上刀具组或寻边器。
② 在手摇脉冲发生器方式分别进行坐标轴X、Y、Z轴的移动操作。
在"AXIS SELECT"旋钮中分别选取X、Y、Z轴,然后刀具逐渐靠近工件表面,直至接触。
③ 进行必要的数值处理计算。
④ 将工件坐标系原点在机床坐标系的坐标值设定到G54~G59、G54.1~G54.48存储地址的任一工件坐标系中。
⑤ 对刀正确性的验证。如在MDI方式下运行"G54 G01 X0 Y0 Z10 F1000"。

二、用寻边器对刀的方法和Z轴设定仪对刀的方法说明对刀的具体步骤

(一)偏心式寻边器对刀的方法及步骤
偏心式寻边器对刀的方法及步骤见表4-3。
(二)Z轴设定仪的使用方法及步骤
Z轴设定仪的使用方法及步骤见表4-4。

第四节　数控铣床加工工艺基础

一、铣削运动

在切削加工中,工件表面的形状、尺寸及相互位置关系是通过刀具相对工件的运动形成的,其运动可分为切削运动(表面形成运动)和辅助运动两类。切削运动是使工件获得所要求的表面形状和尺寸的运动,是机床最基本的运动,按其在切削加工中所起作用的不同,一般分为主运动和进给运动;辅助运动主要包括刀具、工件、机床部件位置的调整,工件分度、刀架转位、送夹料,启动、变速、停止和自动换刀等运动。

(一)主运动
主运动是指直接切除工件上的多余材料,以形成需要的工件新表面的基本运动。主运动通常是切削运动中速度最高、消耗功率最多的运动。主运动是衡量一台机床切削材料能力的

表 4-3 偏心式寻边器对刀的方法及步骤

步骤	内容	图例
1	将偏心式寻边器用刀柄装到主轴上	
2	用 MDI 方式启动主轴,一般用 300r/min(可以用"SPINDLE SPEED OVERRDIE"调节)	
3	在手轮方式下启动主轴正转,在 X 方向手动控制机床的坐标移动,使偏心式寻边器接近工件被测表面,并缓慢与其接触	
4	进一步仔细调整位置,直到偏心式寻边器上下两部分同轴	
5	计算此时的坐标值[被测表面的 X、Y 值为当前的主轴坐标值加(或减)圆柱的半径]	
6	计算要设定的工件坐标系原点在机床坐标系的坐标值,并输入到任一 G54~G59、G54.1~G54.48 存储地址中。也可以保持当前刀具位置不动,输入刀具在工件坐标系中的坐标值,如输入"X30",再按面板上的"测量"键,系统会自动计算坐标,并弹到所选的 G54~G59、G54.1~G54.48 存储地址中	
7	其他被测表面与 X 轴的操作相同	
8	对刀正确性的验证。如在 MDI 方式下运行"G54 G01 X0 Y0 Z10 F1000;"	

表 4-4 Z 轴设定仪的使用方法及步骤

步骤	内容	图例
1	将刀具用刀柄装到主轴上,将 Z 轴设定仪附着在已经装夹好的工件或夹具平面上	
2	快速移动刀具和工作台,使刀具端面接近 Z 轴设定仪的上表面	
3	在手轮方式下,使刀具端面缓慢接触 Z 轴设定仪的上表面,直到 Z 轴设定仪发光或指针指示到零位	
4	记录此时的机床坐标系的 Z 坐标值,计算要设定的工件坐标系原点的 Z 轴在机床坐标系的坐标值	
5	将工件坐标系原点的在机床坐标系的 Z 轴坐标值输入到任一 G54~G59、G54.1~G54.48 存储地址的 Z 中。也可以保持当前刀具位置不动,输入刀具在工件坐标系中的坐标值,如输入"Z20",再按面板上的"测量"键,系统会自动计算坐标,并弹到所选的 G54~G59、G54.1~G54.48 存储地址中	
6	对刀正确性的验证。如在 MDI 方式下运行"G54 G01 Z10 F1000;"	

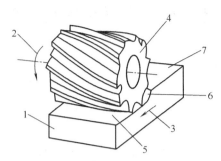

图 4-6 铣削加工工件表面形成
1—工件；2—主运动；3—进给运动；4—铣刀；
5—已加工表面；6—过渡表面；7—待加工表面

一个重要指标，它一般用主电机的功率和转速来衡量。铣床上的主运动是指铣刀的旋转运动。

（二）进给运动

进给运动是将切削层间歇地或连续地投入切削，以逐渐完成整个工件表面的运动。在铣削加工中，进给运动一般包括 X、Y、Z 三个坐标轴的运动。进给运动的特点是速度相对较低，耗损的功率也少。

（三）表面成形运动

在实际加工过程中，主运动和进给运动一般总是同时进行的，此时刀具切削刃上选定点与工件间的相对运动是主运动和进给运动的合成运动，即表面成形运动。在表面成形运动过程中，工件处于被加工状态，工件上有三个不断变化着的表面（见图 4-6）。

（1）已加工表面　工件上经刀具切除材料后产生的新表面。

（2）过渡表面　切削刃正在切削着的表面。

（3）待加工表面　即将被切除切削层的表面。

（四）铣削三要素

切削用量三要素是指切削速度 v_c、进给量 f 和背吃刀量（切削深度）a_p。

（1）切削速度　主运动的线速度称为切削速度。由于铣床的主运动是指铣刀的旋转运动，故铣削的切削速度是指铣刀外圆上刀刃运动的线速度。

$$v_c = \pi d n / 1000 \ (\text{m/min})$$

式中　d——铣刀的直径（mm）；

n——铣刀的转速（r/min）。

在加工过程中，习惯的做法是将切削速度 v_c 转算成机床的主轴转速 n。在数控铣床中，用 S 后加不同的数字来设定主轴转速。

（2）进给量　进给运动速度的大小称为进给量，它一般有以下三种表示方法。

① 每齿进给量 f_z。铣刀每转过 1 齿，工件沿进给方向所移动的距离（mm/z）。

② 每转进给量 f。铣刀每转过 1 转，工件沿进给方向所移动的距离（mm/r）。

③ 每分钟进给量 F。铣刀每旋转 1min，工件沿进给方向所移动的距离（mm/min）。

上述三种进给量的关系是：

$$F = nf = nzf_z$$

式中　z——铣刀齿数。

(3) 背吃刀量（切削深度） 铣削时铣刀的吃刀量包括背吃刀量 a_p 和侧吃刀量 a_e。背吃刀量 a_p 是指切削过程中沿刀具轴线方向工件被切削的切削层尺寸（mm），侧吃刀量 a_e 是指垂直于刀具轴线方向和进给运动方向所在平面的方向上工件被切削的切削层尺寸（mm）。

二、铣床夹具

（一）铣床夹具的基本要求

在数控铣削加工中一般不要求很复杂的夹具，只要求简单的定位、夹紧就可以了，其基本要求如下。

① 为保证工件在本工序中所有需要完成的待加工面充分暴露在外，以方便加工，夹具要尽可能开敞，同时考虑机床主轴与工作台面之间的最小距离和刀具的装夹长度，确保在主轴的行程范围内能使工件的加工内容全部完成，并防止夹具与铣床主轴套筒或刀套、刃具在加工过程中发生干涉。

② 为保持零件的安装方位与机床坐标系及编程坐标系方向的一致性，夹具应保证在机床上实现定向安装，还要求协调零件定位面与机床之间保持一定的坐标联系。

③ 夹具的刚性与稳定性要好，选择合适的夹点数量及位置。尽量不采用在加工过程中更换夹紧点的设计，当非要在加工过程中更换夹紧点时，要特别注意不能因更换夹紧点而破坏夹具或工件的定位精度。

（二）铣床夹具的种类

数控铣削加工常用的夹具大致有以下几种。

① 万能组合夹具。适合小批量生产或研制时的中小型工件在数控铣床上进行铣削加工。

② 专用铣削夹具。这是特别为某一项或类似的几项工件设计制造的夹具，一般在年产量较大或研制时非要不可时采用。其结构固定，仅适用于一个具体零件的具体工序。这类夹具设计应力求简化，使制造时间尽量缩短。

③ 多工位夹具。可以同时装夹多个工件，可减少换刀次数，以便于一面加工一面装卸工件，有利于缩短辅助时间，提高生产率，较适合中批量生产。

④ 气动或液压夹具。适合 FMS 或生产批量较大的场合，采用其他夹具又特别费工、费力的工件，能减轻工人劳动强度和提高生产率。但此类夹具结构较复杂，造价往往很高，而且制造周期较长。

⑤ 通用铣削夹具。有通用可调夹具、虎钳、分度头和三爪卡盘等。

（三）数控铣床夹具的选用原则

在选用夹具时，通常需要考虑产品的生产批量、生产效率、质量保证及经济性，选用时可参考下列原则。

① 单件生产或新产品研制时，应广泛采用万能组合夹具，只用在组合夹具无法解决时才考虑采用其他夹具。

② 小批量或成批生产时，可考虑采用专用夹具，但应尽量简单。

③ 生产批量较大时，可考虑采用多工位夹具和气动、液压夹具。

（四）铣床常用夹具

(1) 机用平口钳 在铣削形状比较规则的零件时常用机用平口钳装夹。机用平口钳是利用螺杆或其他机构使两钳口作相对移动而夹持工件的工具。如图4-7所示，它由底座、钳身、固定钳口和活动钳口以及使活动钳口移动的传动机构组成。

(2) 螺钉压板 螺钉压板装夹工件是铣削加工的最基本方法，也是最通用的方法，使用

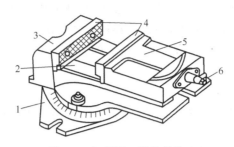

图 4-7 机用平口钳的结构

1—底座；2—钳身；3—固定钳口；4—钳口垫；5—活动钳口；6—螺杆

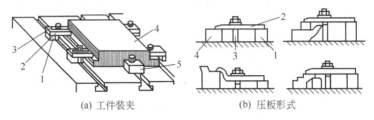

(a) 工件装夹 (b) 压板形式

图 4-8 螺钉压板装夹工件

1—垫块；2—压板；3—螺钉、螺母；4—工件；5—定位块

时利用 T 形槽螺钉和压板将工件固定在机床工作台上即可（见图 4-8）。装夹工件时，需根据工件装夹精度要求，用百分表等找正工件，或使用其他的定位方式定位。

（3）铣床用卡盘 当需要在数控铣床上加工回转体零件时，可以采用三爪卡盘装夹，对于非回转零件可采用四爪卡盘装夹。铣床用卡盘的使用方法与车床卡盘相似，使用时用 T 形槽螺栓将卡盘固定在机床工作台上即可。铣床用卡盘既可以卧式装夹，用于回转体零件的侧面加工，也可以立式装夹，用于铣削端面，在端面上加工各种孔、槽等。

（4）组合夹具 组合夹具是机床夹具中一种标准化、系列化和通用化程度较高的工艺装备。在新产品研制和单件、小批量生产方面有着很大的优越性，在数控铣床上使用组合夹具可以更好地提高生产率和经济效益。组合夹具是在专用夹具的基础上发展起来的一种夹具。

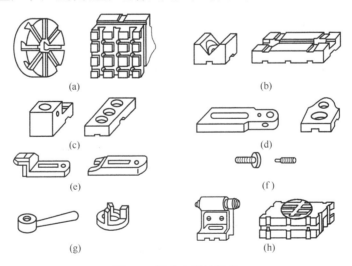

图 4-9 组合夹具的组成

按照用途的不同，组合夹具一般由基础件、支承件、定位件、导向件、压紧件、紧固件、其他件、合件八类构件组成（见图 4-9）。

（五）铣床常用刀具

1. 铣刀

不管是什么形式的铣刀，从其基本组成上来看都包括两大部分，即参加切削的刀头部分和夹持刀具的刀柄部分。这里所说的刀具种类和刀具材料一般指的是参加切削的刀头部分。

（1）铣刀种类　铣刀从结构上可分为整体式和镶嵌式。镶嵌式可以分为焊接式和机夹式。机夹式根据刀体结构不同，可分为可转位和不转位。铣刀从其制造所采用的材料上可分为高速钢刀具、硬质合金刀具、陶瓷刀具、立方氮化硼刀具和金刚石刀具等。

（2）常用铣刀　根据加工对象的不同，可选择不同类型的铣刀来完成切削任务。常见的铣刀有圆柱面铣刀、端面铣刀、立铣刀、键槽铣刀、三面刃铣刀、模具铣刀等。

① 圆柱面铣刀：圆柱面铣刀主要用于卧式铣床加工平面（见图 4-10）。

② 端面铣刀：端面铣刀主要用于立式铣床上加工平面、台阶面等（见图 4-11）。

③ 立铣刀：立铣刀主要用于立式铣床上加工凹槽、台阶面、成形面等（见图 4-12）。

④ 键槽铣刀：键槽铣刀主要用于立式铣床上加工（圆头）封闭键槽等（见图 4-13）。

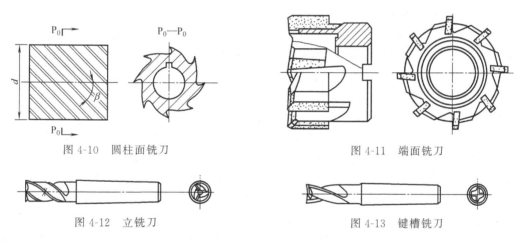

图 4-10　圆柱面铣刀　　　　　图 4-11　端面铣刀

图 4-12　立铣刀　　　　　图 4-13　键槽铣刀

⑤ 三面刃铣刀：三面刃铣刀主要用于卧式铣床上加工槽、台阶面等（见图 4-14）。

⑥ 模具铣刀：模具铣刀主要用于立式铣床上加工模具型腔、三维成形表面等。模具铣刀按工作部分形状不同，可分为圆柱形球头铣刀、圆锥形球头铣刀和圆锥形立铣刀 3 种形式（见图 4-15）。

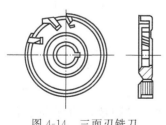

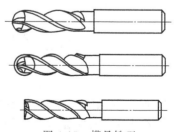

图 4-14　三面刃铣刀　　　　　图 4-15　模具铣刀

2. 常用铣刀材料

数控铣床用刀具材料可分为高速钢刀具、硬质合金刀具、涂层硬质合金刀具、陶瓷刀具、金刚石刀具等。

① 高速钢：高速钢是应用范围最广的一种工具钢，它具有很高的强度和韧性，可以承受较大的切削力和冲击，其硬度在60～70HRC。高速钢刀具主要用于加工非金属、铸铁、普通结构钢和低合金钢等。

② 硬质合金：硬度、耐磨性、耐热性很高，但其韧性差、脆性大，承受冲击和振动能力低。它可以用来加工一般的钢等硬材料。

③ 涂层硬质合金：刀具在使用寿命和加工效率上也都比未使用涂层的硬质合金刀具有很大的提高。涂层刀具较好地解决了材料硬度及耐磨性与强度及韧性的矛盾。

④ 陶瓷刀具材料：其硬度、耐磨性比硬质合金高十几倍，适于加工冷硬铸铁和淬硬钢；在1200℃高温下仍能切削，切削速度比硬质合金高2～10倍。陶瓷刀具最大的缺点是脆性大、强度低、导热性差。可对铸铁、淬硬钢等高硬材料进行精加工和半精加工。

⑤ 金刚石：金刚石具有极高的硬度，比硬质合金及切削用陶瓷高几倍。金刚石具有很高的导热性，刃磨非常锋利，粗糙度值小。金刚石刀具的缺点是强度低、脆性大，对振动敏感，与铁元素有强的亲和力。所以金刚石刀具主要用于加工各种有色金属，也用于加工各种非金属材料。

（六）加工工艺路线

走刀路线是刀具在整个加工工序中相对于工件的运动轨迹，它不但包括了工序的内容，而且也反映出工序的顺序。工序的划分与安排一般可随走刀路线来进行，在确定走刀路线时主要遵循以下原则。

① 应能保证零件的加工精度和表面粗糙度要求。

a. 如图4-16所示，当铣削平面零件外轮廓时，一般采用立铣刀侧刃切削。刀具切入工件时，应避免沿零件外廓的法向切入，而应沿外廓曲线延长线的切向切入，以避免在切入处产生刀具的刻痕而影响表面质量，保证零件外廓曲线平滑过渡。同理，在切离工件时，也应避免在工件的轮廓处直接退刀，而应该沿零件轮廓延长线的切向逐渐切离工件。

b. 铣削封闭的内轮廓表面时，若内轮廓曲线允许外延，则应沿切线方向切入切出。若内轮廓曲线不允许外延，如图4-17所示，刀具只能沿内轮廓曲线的法向切入切出，此时刀具的切入切出点应尽量选在内轮廓曲线两几何元素的交点处。当内部几何元素相切无交点时，为防止刀补取消时在轮廓拐角处留下凹口，刀具切入切出点应远离拐角。

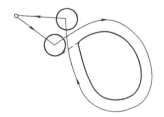
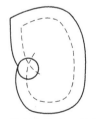

图4-16 铣削外轮廓刀具切入切出　　图4-17 铣削内轮廓刀具切入切出

c. 图4-18所示为圆弧插补方式铣削外整圆时的走刀路线图。当整圆加工完毕时，不要在切点处直接退刀，而应让刀具沿切线方向多运动一段距离，以避免取消刀补时刀具与工件表面相碰，造成工件报废。铣削内圆弧时也要遵循从切向切入的原则，最好安排从圆弧过渡到圆弧的加工路线，如图4-19所示，这样可以提高内孔表面的加工精度和加工质量。

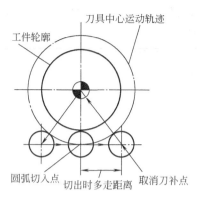

图 4-18 铣削外圆走刀路线

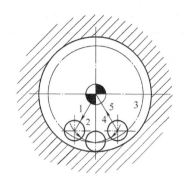

图 4-19 铣削外内圆走刀路线

d. 对于孔位置精度要求较高的零件，在精镗孔系时，镗孔路线一定要注意各孔的定位方向一致，即采用单向趋近定位点的方法，以避免传动系统反向间隙误差或测量系统的误差对定位精度的影响。

e. 铣削曲面时，常用球头刀采用行切法进行加工。所谓行切法是指刀具与零件轮廓的切点轨迹是一行一行的，而行间的距离是按零件加工精度的要求确定的。

在图 4-20 中，图（a）和图（b）分别为用行切法加工和环切法加工凹槽的走刀路线，而图（c）是先用行切法，最后环切一刀光整轮廓表面。三种方案中，图（a）方案的加工表面质量最差，在周边留有大量的残余；图（b）方案和图（c）方案加工后能保证精度，但图（b）方案采用环切的方案，走刀路线稍长，而且编程计算工作量大。

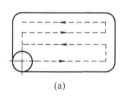
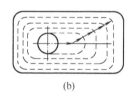
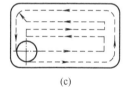

(a)　　　　　　　　(b)　　　　　　　　(c)

图 4-20 行切法和环切法加工凹槽的走刀路线

f. 轮廓加工中应避免进给停顿，因为刀具会在进给停顿处的零件轮廓上留下刻痕。

g. 为提高工件表面的精度和减小粗糙度，可以采用多次走刀的方法，精加工余量一般以 0.2～0.5mm 为宜。而且精铣时宜采用顺铣，以减小零件被加工表面粗糙度的值。

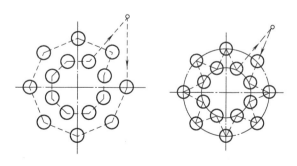

图 4-21 走刀路线长度的选择

② 应使走刀路线最短，减少刀具空行程时间，提高加工效率。如图 4-21 所示是正确选择钻孔加工路线的例子。按照一般习惯，总是先加工均布于同一圆周上的 8 个孔，再加工另一圆周上的孔，如图（a）所示。但是对点位控制的数控机床而言，要求定位精度高、定位过程尽可能快，因此这类机床应按空程最短来安排走刀路线，如图（b）所示，以节省时间。

③ 使数值计算简单，程序段数量少。

第三部分 数控铣床实操练习课题

第五章 数控铣床实操基础练习课题

第一节 数控铣床实操基础练习课题一

一、零件图

零件图见图 5-1。

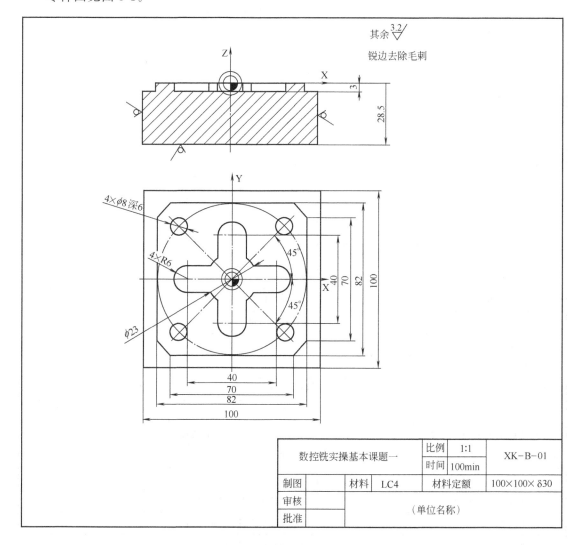

图 5-1 零件图

二、加工程序

数控铣床实操基础练习课题一	刀 具 表	
	T01	φ80 面铣刀
	T02	φ16 圆柱立铣刀
	T03	φ8 麻花钻头
	T04	φ10 键槽铣
	切 削 用 量	
		粗加工	精加工
	主轴速度 S	(600)800r/min	(800)1200r/min
	进给量 F	160 mm/min	120mm/min
	切削深度 a_p	2.8mm	0.2mm

加工程序(参考程序)	程 序 注 释
O0001	主程序名(φ80 面铣刀铣平面)——工件原点为中心点
N10 G54 S600 M03 T01	设定工件坐标系,主轴正转转速为600r/min
N20 G00 X−100 Y−15 Z10	快速点定位
Z0.2	进刀
N30 G01 X100 F100	直线插补粗铣平面
N40 G00 Y60	快速移动点定位
N50 G01 X−100 F100	直线插补粗铣平面
N60 G00 Z5	抬刀
X−100 Y−15	快速移动点定位
Z0	
N70 S800 M03	精铣主轴正转转速为800r/min
N80 G01 X100 F60	直线插补精铣平面
N90 G00 Y60	快速移动点定位
N100 G01 X−100 F60	直线插补精铣平面
N110 G00 Z100	快速移动抬刀
X0 Y0	返回工件 X、Y 原点
N120 M05	主轴停止
N130 M30	程序结束,返回程序头
O0002	主程序名(φ16 圆柱立铣刀铣轮廓)
N10 G55 G40 S800 M03 T02	设定工件坐标系,主轴正转转速为800r/min
N20 G00 X−41 Y−70 Z20	快速移动点定位
Z−2.8	
N30 G01 G41 D01 Y−60 F160	建立刀具半径左补偿 D01=8.2
Y41 ,C6	直线插补切削,形成倒角 C6
X41 ,C6	直线插补切削,形成倒角 C6

续表

加工程序(参考程序)	程序注释
Y－41，C6	直线插补切削,形成倒角C6
X－41，C6	直线插补切削,形成倒角C6
Y－35	
N40 G00 Z20	抬刀
G40 X－41 Y－70	取消刀具半径左补偿
Z－3	进刀
N50 S1200 M03	精铣转速
N60 G00 G41 D02 Y－60	建立刀具半径左补偿D02=8
N70 G01 Y41．C6 F120	直线插补切削,形成倒角C6
X41，C6	直线插补切削,形成倒角C6
Y－41，C6	直线插补切削,形成倒角C6
X－35	直线插补切削
X－60 Y－16	直线插补切削,形成倒角C6
N80 G00 Z100	抬刀
G40 X0 Y0	返回工件X、Y原点,取消刀具半径左补偿
N90 M05	主轴停止
N100 M30	程序结束,返回程序头
O0003	主程序名(φ10键槽刀铣内槽)
N10 G57 G69 G40 S800 M03 T04	设定工件坐标系,主轴正转转速为800r/min
N20 G00 X0 Y0 Z10	快速移动点定位
N30 G01 Z－2.8 F120	直线插补下刀Z－2.8mm
X6.3 F160	直线插补切削
N40 G03 I－6.3 J0	逆时针圆弧插补铣圆弧
N50 G01 X0 Y0	返回工件X、Y原点
N60 S1200 M03	主轴正转转速为1200r/min
N70 G01 Z－3 F120	直线插补下刀Z－3mm
X6.5	直线插补切削
N80 G03 I－6.5 J0	逆时针圆弧插补铣圆弧
N90 G00 Z10	抬刀
N100 M98 P0033	调用子程序铣十字内槽
N110 G68 X0 Y0 R90	坐标旋转90°
N120 M98 P0033	调用子程序铣十字内槽
N130 G69	取消坐标旋转
N140 G68 X0 Y0 R180	坐标旋转180°
N150 M98 P0033	调用子程序铣十字内槽
N160 G69	取消坐标旋转
N170 G68 X0 Y0 R270	坐标旋转270°

续表

加工程序(参考程序)	程 序 注 释
N180 M98 P0033	调用子程序铣十字内槽
N190 G69	取消坐标旋转
N200 M05	主轴停止
N210 M30	程序结束,返回程序头
O0033	子程序(铣十字内槽)
N10 S800 M03	主轴正转转速为800r/min
N20 G00 X-12 Y-6	快速移动点定位
N30 G00 G41 D03 X0	建立刀具半径左补偿 D03=5.2
N40 G01 Z-2.8 F120	直线插补下刀 Z-2.8mm
X20 F160	直线插补切削
N50 G03 Y6 R-6	逆时针圆弧插补顺铣圆弧
N60 G01 X0	直线插补切削
N70 G00 Z10	抬刀
G40 X-12 Y-6	返回起点,取消刀具半径左补偿
N80 S1200 M03	精铣,主轴正转转速为1200r/min
N90 G00 G41 D04 X0	建立刀具半径左补偿 D04=5
N100 G01 Z-3 F120	直线插补下刀 Z-3mm
X20	直线插补切削
N110 G03 Y6 R-6	逆时针圆弧插补顺铣圆弧
N120 G01 X0	直线插补切削
N130 G00 Z10	抬刀
G40 X0 Y0	返回工件 X、Y 原点,取消刀具半径左补偿
N140 M99	子程序结束
O0004	主程序名(钻孔)
N10 G56 G15 G80 S1200 M03 T03	设定工件坐标系,主轴正转转速为1200r/min
N20 G00 X0 Y0 Z20	回工件原点,离工件 Z20mm 处
N30 G16	建立极坐标
N40 G99 G73 X41 Y45 Z-8.3 R5 Q3 F120	钻孔深6mm,返回R平面,每次下刀3mm
Y135	
Y225	
G98 Y315	
N50 G15 G80	取消极坐标、钻孔循环
N60 G00 X0 Y0	返回工件 X、Y 原点
Z100	抬刀
N70 M05	主轴停止
N80 M30	程序结束,返回程序头

第二节　数控铣床实操基础练习课题二

一、零件图
零件图见图 5-2。

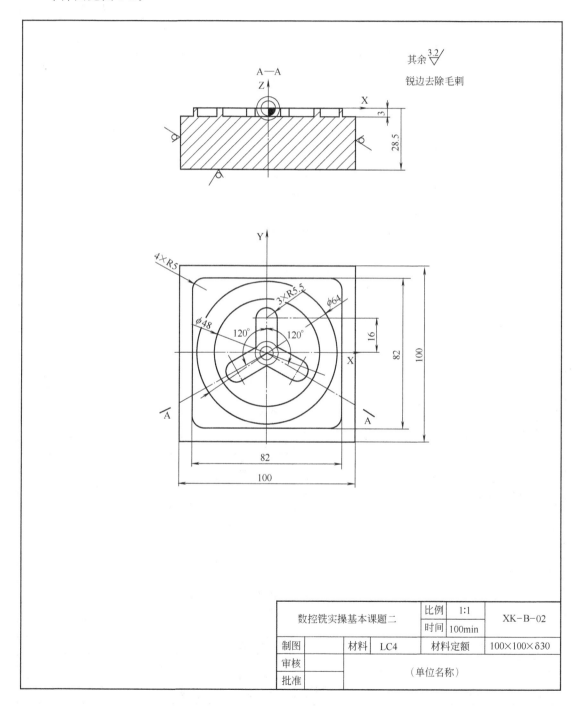

图 5-2　零件图

二、加工程序

数控铣床实操基础练习课题二	刀 具 表	
	T01	φ80 面铣刀
	T02	φ16 圆柱立铣刀
	T03	φ8 键槽铣刀
	切削用量	
	粗加工	精加工
主轴速度 S	600/1000r/min	800/1200r/min
进给量 F	(120)160mm/min	(80)120mm/min
切削深度 a_p	2.8mm	3mm
加工程序(参考程序)	程 序 注 释	
O0001	主程序名(φ80 面铣刀铣平面)——工件原点为中心点	
N10 G54 S600 M03 T01	设定工件坐标系,主轴正转转速为 600r/min	
N20 G00 X-100 Y-15 Z10	快速点定位	
Z0.2	进刀	
N30 G01 X100 F120	直线插补粗铣平面	
N40 G00 Y60	快速移动点定位	
N50 G01 X-100 F120	直线插补粗铣平面	
N60 G00 Z5	抬刀	
X-100 Y-15	快速移动点定位	
Z0		
N70 S800 M03	精铣主轴正转转速为 800r/min	
N80 G01 X100 F80	直线插补精铣平面	
N90 G00 Y60	快速移动点定位	
N100 G01 X-100 F80	直线插补精铣平面	
N110 G00 Z100	快速移动抬刀	
X0 Y0	返回工件 X、Y 原点	
N120 M05	主轴停止	
N130 M30	程序结束,返回程序头	
O0002	主程序名(φ16 圆柱立铣刀铣轮廓)	
N10 G55 G40 S800 M03 T02	设定工件坐标系,主轴正转转速为 800r/min	
N20 G00 X-41 Y-70 Z20	快速移动点定位	
Z-2.8	进刀	
N30 G01 G41 D01 Y-60 F160	建立刀具半径左补偿 D01=8.2	
Y41 ,R5	直线插补切削,形成倒圆角 R5	
X41 ,R5	直线插补切削,形成倒圆角 R5	
Y-41 ,R5	直线插补切削,形成倒圆角 R5	
X-41 ,R5	直线插补切削,形成倒圆角 R5	
Y-36	直线插补	
N40 G00 Z20	抬刀	
G40 X-41 Y-70	取消刀具半径左补偿	
Z-3	进刀	
N50 S1200 M03	精铣,转速 1200r/min	
N60 G00 G41 D02 Y-60	建立刀具半径左补偿 D02=8	
N70 G01 Y41 ,R5 F120	直线插补切削,形成倒圆角 R5	

续表

加工程序(参考程序)	程 序 注 释
X41 ,R5	直线插补切削,形成倒圆角 R5
Y－41 ,R5	直线插补切削,形成倒圆角 R5
X－41,R5	直线插补切削,形成倒圆角 R5
Y－36	直线插补
N80 G00 Z100	抬刀
G40 X0 Y0	返回工件 X、Y 原点,取消刀具半径左补偿
N70 M05	主轴停止
N80 M30	程序结束,返回程序头
O0003	主程序名(ϕ8 键槽铣刀铣内圆、槽)
N10 G56 S1000 M03 T03	设定工件坐标系,主轴正转转速为 1000r/min
N20 G00 X28 Y0 Z10	快速移动点定位
N30 G01 Z－2.8 F120	直线插补下降至 Z－2.8mm
N40 G02 I－28 J0 F160	顺时针圆弧插补铣圆
N50 G01 Z－3	直线插补下降至 Z－3mm
N60 S1200 M03	主轴正转转速为 1200r/min
N70 G02 I－28 J0 F120	顺时针圆弧插补铣圆
N80 G00 Z10	抬刀
X0 Y0	返回工件 X、Y 原点
N90 S1000 M03	主轴正转转速为 1000r/min
N100 M98 P0033	调用子程序铣一个人字内槽
N110 G68 X0 Y0 R120	坐标旋转 120°
N120 M98 P0033	调用子程序铣另一个人字内槽
N130 G69	取消坐标旋转
N140 G68 X0 Y0 R240	坐标旋转 240°
N150 M98 P0033	调用子程序铣第三个人字内槽
N160 G69	取消坐标旋转
N170 G00 X0 Y0 Z100	返回起刀点
N180 M05	主轴停止
N190 M30	程序结束,返回程序头
O0033	子程序(铣人字内槽)
N10 S1000 M03	主轴正转转速为 1000r/min
N20 G00 X－5.5 Y－10	快速移动点定位
N30 G00 G42 D03 Y0	建立刀具半径右补偿 D03＝4.2
N40 G01 Z－2.8 F160	直线插补下刀至 Z－2.8mm;进行粗铣
Y16	
N50 G02 X5.5 R－5.5	
N60 G01 X5.5 Y0	
N70 G00 Z10	抬刀
N80 G00 G40 X－5.5 Y－10	返回起点取消刀具半径右补偿
N90 S1200 M03	主轴正转转速为 1200r/min
N100 G00 G42 D04 Y0	建立刀具半径右补偿 D04＝4
Z－3 F120	直线插补下刀至 Z－3mm;进行精铣
Y16	
N120 G02 X5.5 R－5.5	
N130 G01 X5.5 Y0	
N140 G00 Z10	抬刀
N150 G00 G40 X0 Y0	返回 X、Y 零点取消刀具半径右补偿
N160 M99	子程序结束

79

第三节 数控铣床实操基础练习课题三

一、零件图

零件图见图 5-3。

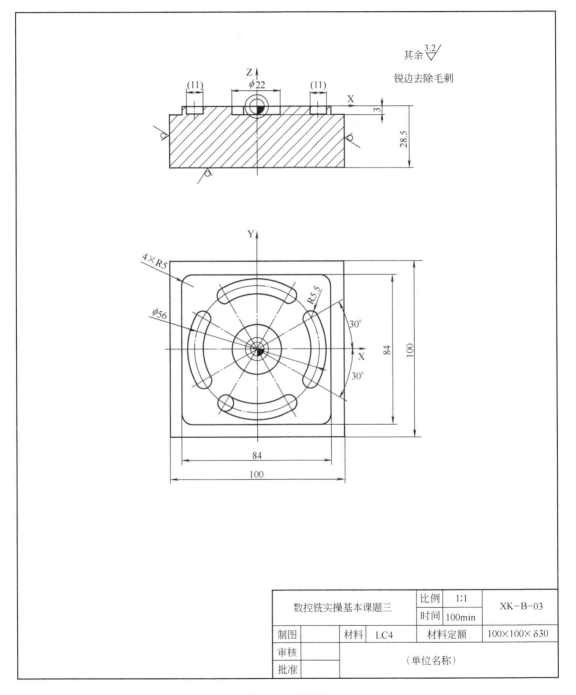

图 5-3 零件图

二、加工程序

数控铣床实操基础练习课题三	刀 具 表	
	T01	φ80 面铣刀
	T02	φ16 圆柱立铣刀
	T03	φ10 键槽铣刀
	切 削 用 量	
	粗加工	精加工
	主轴速度 S	(600)1000r/min	(800)1200r/min
	进给量 F	120(150)mm/min	80(120)mm/min
	切削深度 a_p	2.8mm	0.2mm

加工程序(参考程序)	程 序 注 释
O0001	主程序名(φ80 面铣刀铣平面)
N10 G54 S600 M03 T01	设定工件坐标系,主轴正转转速为 600r/min
N20 G00 X−100 Y−15 Z10	快速点定位
Z0.2	进刀
N30 G01 X100 F120	直线插补粗铣平面
N40 G00 Y60	快速移动点定位
N50 G01 X−100 F120	直线插补粗铣平面
N60 G00 Z5	抬刀
X−100 Y−15	快速移动点定位
Z0	
N70 S800 M03	精铣主轴正转转速为 800r/min
N80 G01 X100 F80	直线插补精铣平面
N90 G00 Y60	快速移动点定位
N100 G01 X−100 F80	直线插补精铣平面
N110 G00 Z100	快速移动抬刀
X0 Y0	返回工件 X,Y 原点
N120 M05	主轴停止
N130 M30	程序结束,返回程序头
O0002	主程序名(φ16 圆柱立铣刀铣轮廓)
N10 G55 G40 S800 M03 T02	设定工件坐标系,主轴正转转速为 800r/min
N20 G00 X−42 Y−70 Z20	快速移动点定位
Z−2.8	进刀
N30 G01 G41 D01 Y−60 F160	建立刀具半径左补偿 D01=8.2
Y42 ,R5	直线插补切削,形成倒圆角 R5
X42 ,R5	直线插补切削,形成倒圆角 R5
Y−42 ,R5	直线插补切削,形成倒圆角 R5
X−42 ,R5	直线插补切削,形成倒圆角 R5
Y−37	直线插补
N40 G00 Z20	抬刀
G40 X−42 Y−70	取消刀具半径左补偿
Z−3	进刀
N50 S1200 M03	精铣,转速 1200r/min
N60 G00 G41 D02 Y−60	建立刀具半径左补偿 D02=8
N70 G01 Y42 ,R5 F120	直线插补切削,形成倒圆角 R5
X42 ,R5	直线插补切削,形成倒圆角 R5
Y−41 ,R5	直线插补切削,形成倒圆角 R5
X−42 ,R5	直线插补切削,形成倒圆角 R5
Y−37	直线插补

续表

加工程序(参考程序)	程 序 注 释
N80 G00 Z100	抬刀
G40 X0 Y0	返回工件 X、Y 原点,取消刀具半径左补偿
N70 M05	主轴停止
N80 M30	程序结束,返回程序头
O0003	主程序名(φ10 键槽铣刀铣内圆、圆弧槽)
N10 G56 G40 G50.1 G69 S1000 M03 T03	设定工件坐标系,主轴正转转速为 1000r/min
N20 G00 X0 Y0 Z10	快速移动点定位
N30 G01 Z−2.8 F100	直线插补下降至 Z−2.8mm,进行粗铣
X5.8 F150	直线插补
N40 G03 I−5.8 J0	逆时针圆弧插补铣圆
N50 S1200 M03	主轴正转转速为 1200r/min
N60 G01 Z−3 F120	直线插补下降至 Z−3mm,进行精铣
X6	直线插补
N70 G03 I−6 J0	逆时针圆弧插补铣圆
N80 G01 X0 Y0	直线插补
N90 G00 Z10	快速移动点定位
N100 M98 P0044	调用子程序铣一个圆弧槽
N110 G68 X0 Y0 R90	坐标系旋转 90°
N120 M98 P0044	调用子程序铣第二个圆弧槽
N130 G69	取消坐标系旋转
N140 G51.1 X0	以 Y 轴做镜像
N150 M98 P0044	调用子程序铣第三个圆弧槽
N160 G50.1 X0	取消以 Y 轴做镜像
N170 G68 X0 Y0 R270	坐标系旋转 270°
N180 M98 P0044	调用子程序铣第四个圆弧槽
N190 G69	取消坐标系旋转
N200 G00 Z100	
N210 M05	主轴停止
N220 M30	程序结束,返回程序头
O0044	子程序名(铣圆弧槽)
N10 S1000 M03	主轴正转转速为 1000r/min
N20 G00 X22.5 Y−10	快速移动点定位
N30 G00 G42 D03 Y0	建立刀具右补偿进行粗铣 D03=5.2
N40 G01 Z−2.8 F100	直线插补下刀 Z−2.8mm
N50 G03 X19.486 Y11.25 R22.5 F150	逆时针圆弧插补顺铣圆弧 R22.5
N60 G02 X29.012 Y16.75 R−5.5	顺时针圆弧插补顺铣圆弧 R−5.5
N70 G02 X29.012 Y−16.75 R33.5	顺时针圆弧插补顺铣圆弧 R33.5
N80 G02 X19.486 Y−11.25 R−5.5	顺时针圆弧插补顺铣圆弧 R−5.5
N90 G03 X22.5 Y0 R22.5	逆时针圆弧插补顺铣圆弧 R22.5
N100 G00 Z10	抬刀
N110 G00 G40 X22.5 Y−10	取消刀具右补偿
N120 G00 G42 D04 Y0	建立刀具右补偿进行精铣 D04=5
N130 S1200 M03	主轴正转转速为 1200r/min
N140 G01 Z−3 F120	直线插补下刀 Z−3mm
N150 G03 X19.486 Y11.25 R22.5	逆时针圆弧插补顺铣圆弧 R22.5
N160 G02 X29.012 Y16.75 R−5.5	顺时针圆弧插补顺铣圆弧 R−5.5
N170 G02 X29.012 Y−16.75 R33.5	顺时针圆弧插补顺铣圆弧 R33.5
N180 G02 X19.486 Y−11.25 R−5.5	顺时针圆弧插补顺铣圆弧 R−5.5
N190 G03 X22.5 Y0 R22.5	逆时针圆弧插补顺铣圆弧 R22.5
N200 G00 Z10	抬刀
N210 G00 G40 X0 Y0	取消刀具右补偿
N220 M99	子程序结束,返回主程序

第四节　数控铣床实操基础练习课题四

一、零件图

零件图见图 5-4。

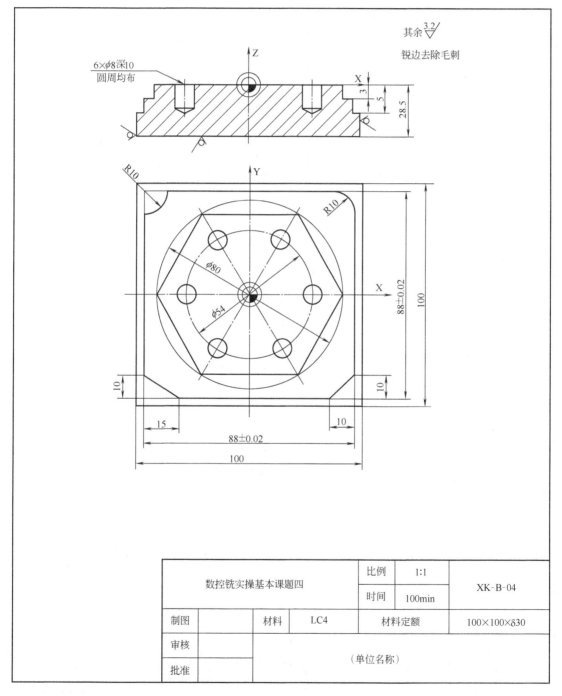

图 5-4　零件图

二、加工程序

数控铣床实操基础练习课题四	刀 具 表	
	T01	φ80 面铣刀
	T02	φ16 圆柱立铣刀
	T03	φ8 麻花钻头
	切削用量	
	粗加工	精加工
主轴速度 S	600/800r/min	800/1200r/min
进给量 F	160 mm/min	120mm/min
切削深度 a_p	5mm	0.2mm

加工程序(参考程序)	程 序 注 释
O0001	主程序名(φ80 面铣刀铣平面)
N10 G54 S600 M03 T01	设定工件坐标系,主轴正转转速为 600r/min
N20 G00 X−100 Y−15 Z10	快速点定位
Z0.2	进刀
N30 G01 X100 F120	直线插补粗铣平面
N40 G00 Y60	快速移动点定位
N50 G01 X−100 F120	直线插补粗铣平面
N60 G00 Z5	抬刀
X−100 Y−15	快速移动点定位
Z0	
N70 S800 M03	精铣主轴正转转速为 800r/min
N80 G01 X100 F80	直线插补精铣平面
N90 G00 Y60	快速移动点定位
N100 G01 X−100 F80	直线插补精铣平面
N110 G00 Z100	快速移动抬刀
X0 Y0	返回工件 X、Y 原点
N120 M05	主轴停止
N130 M30	程序结束,返回程序头
O0002	主程序名(φ16 圆柱立铣刀铣侧面)
N10 G55 G90 G40 S800 M03 T02	设定工件坐标系,主轴正转转速为 800r/min
N20 G00 X−44 Y−75	快速移动点定位
Z−4.8	快速下降至 Z−4.8mm
N30 G01 G41 D01 X−44 Y−65 F160	建立刀具半径左补偿 D01=8.2
Y34	直线插补切削
N40 G03 X−34 Y44 R10	逆时针圆弧插补顺铣圆弧 R10
N50 G01 X44 ,R10	直线插补切削,形成倒圆角 R10
Y−44 ,C10	直线插补切削,形成倒角 C10

续表

加工程序(参考程序)	程 序 注 释
X－29	直线插补切削
X－44 Y－34	直线插补切削
N60 G00 Z10	抬刀
G40 X－44 Y－75	快速移动点定位,取消刀具半径补偿
Z－5	快速下降至Z－5mm
N70 S1200 M03	精铣,主轴正转转速为1200r/min
N60 G01 G41 D02 X－44 Y－65 F120	建立刀具半径左补偿 D02＝8
N70 G01 Y34	直线插补切削
N80 G03 X－34 Y44 R10	逆时针圆弧插补顺铣圆弧R10
N90 G01 X44 ,R10	直线插补切削,形成倒圆角R10
Y－44 ,C10	直线插补切削,形成倒角C10
X－29	直线插补切削
X－60 Y－23.333	直线插补切削
N100 G00 Z20	抬刀
G40 X75 Y－34.64	移动点定位,取消刀具半径补偿
Z－2.8	快速下降至Z－2.8mm
N110 S1000 M03	主轴正转转速为1000r/min
N120 G00 G41 D03 X65 Y－34.64	建立刀具半径左补偿 D03＝16
N130 G01 X－20 Y－34.64 F160	直线插补切削
X－40 Y0	直线插补切削
X－20 Y34.64	直线插补切削
X20 Y34.64	直线插补切削
X40 Y0	直线插补切削
X20 Y－34.64	直线插补切削
N140 G00 Z20	抬刀
N150 G00 G40 X75 Y－34.64	快速移动点定位,取消刀具半径补偿
Z－2.8	直线插补下刀Z－2.8mm
N160 G00 G41 D01 X65 Y－34.64	建立刀具半径左补偿 D01＝8.2
N170 G01 X－20 Y－34.64 F160	直线插补切削
X－40 Y0	直线插补切削
X－20 Y34.64	直线插补切削
X20 Y34.64	直线插补切削
X40 Y0	直线插补切削
X20 Y－34.64	直线插补切削
N180 G00 Z20	抬刀
G40 X75 Y－34.64	快速移动点定位,取消刀具半径左补偿
Z－3	直线插补下刀Z－3mm

续表

加工程序(参考程序)	程 序 注 释
N190 S1200 M03	精铣,主轴正转转速为1200r/min
N200 G00 G41 D03 X65 Y−34.64	建立刀具半径左补偿 D03=16
N210 G01 X−20 Y−34.64 F120	直线插补切削
X−40 Y0	直线插补切削
X−20 Y34.64	直线插补切削
X20 Y34.64	直线插补切削
X40 Y0	直线插补切削
X20 Y−34.64	直线插补切削
X−70	直线插补切削
N220 G00 Z20	抬刀
G40 X75 Y−34.64	返回工件原点,取消刀具半径左补偿
Z−3	直线插补下刀 Z−3mm,精铣
N230 G00 G41 D02 X65 Y−34.64	建立刀具半径左补偿 D02=8
N240 G01 X−20 Y−34.64 F120	直线插补切削
X−40 Y0	直线插补切削
X−20 Y34.64	直线插补切削
X20 Y34.64	直线插补切削
X40 Y0	直线插补切削
X20 Y−34.64	直线插补切削
X−70	直线插补切削
N250 G00 Z100	抬刀
G40 X0 Y0	返回工件 X、Y 原点,取消刀具半径左补偿
N260 M05	主轴停止
N270 M30	程序结束,返回程序头
O0003	程序名(钻孔)
N10 G56 G15 G80 S1200 M03 T03	设定工件坐标系,主轴正转转速为1200r/min
N20 G00 X0 Y0 Z20	回工件 X Y 原点,离工件 Z20mm 处
N30 G16	建立极坐标
N40 G99 G73 X27 Y0 Z−12.3 R3 Q4 F120	钻孔深10mm,返回 R 平面,每次下刀 4mm
Y60	
Y120	
Y180	
Y240	
G98　　Y300	返回初始平面
N50 G15 G80	取消极坐标、钻孔循环
N60 G00 X0 Y0 Z100	返回工件 X,Y 原点抬刀
N70 M05	主轴停止
N80 M30	程序结束,返回程序头

第五节 数控铣床实操基础练习课题五

一、零件图

零件图见图 5-5。

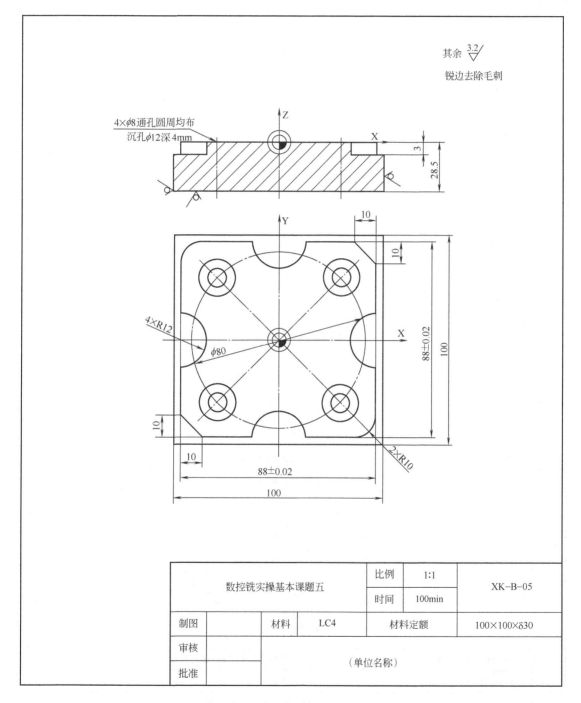

图 5-5 零件图

二、加工程序

数控铣床实操基础练习课题五	刀 具 表	
	T01	φ80 面铣刀
	T02	φ16 圆柱立铣刀
	T03	φ8 麻花钻头
	T04	φ10 键槽铣刀
	切 削 用 量	
	粗加工	精加工
主轴速度 S	600/800r/min	800/1200r/min
进给量 F	160 mm/min	120mm/min
切削深度 a_p	2.8mm	0.2mm

加工程序(参考程序)	程 序 注 释
O0001	主程序名(φ80 面铣刀铣平面)
N10 G54 S600 M03 T01	设定工件坐标系,主轴正转转速为600r/min
N20 G00 X－100 Y－15 Z10	快速点定位
Z0.2	进刀
N30 G01 X100 F120	直线插补粗铣平面
N40 G00 Y60	快速移动点定位
N50 G01 X－100 F120	直线插补粗铣平面
N60 G00 Z5	抬刀
X－100 Y－15	快速移动点定位
Z0	
N70 S800 M03	精铣主轴正转转速为800r/min
N80 G01 X100 F80	直线插补精铣平面
N90 G00 Y60	快速移动点定位
N100 G01 X－100 F80	直线插补精铣平面
N110 G00 Z100	快速移动抬刀
X0 Y0	返回工件 X、Y 原点
N120 M05	主轴停止
N130 M30	程序结束,返回程序头
O0002	主程序名(φ16 圆柱立铣刀铣侧面)
N10 G55 G90 G40 S800 M03 T02	设定工件坐标系,主轴正转转速为800r/min
N20 G00 X－44 Y－75 Z20	快速移动点定位
Z－2.8	快速下降至 Z－2.8mm
N30 G00 G41 D01 X－44 Y－65	建立刀具半径左补偿,进行粗铣 D01＝8.2
N40 G01 Y－12 F160	直线插补切削
N50 G03 Y12 R－12	逆时针圆弧插补顺铣圆弧 R－12

续表

加工程序（参考程序）	程 序 注 释
N60 G01 Y44 ,R10	直线插补切削,形成倒圆角R10
X－12	直线插补切削
N70 G03 X12 R－12	逆时针圆弧插补顺铣圆弧R－12
N80 G01 X44 ,C10	直线插补切削,形成倒角C10
Y12	直线插补切削
N90 G03 Y－12 R－12	逆时针圆弧插补顺铣圆弧R－12
N100 G01 Y－44 ,R10	直线插补切削,形成倒圆角R10
X12	直线插补切削
N110 G03 X－12 R－12	逆时针圆弧插补顺铣圆弧R－12
N120 G01 X－34	直线插补切削
X－60 Y－18	直线插补切削
N130 G00 Z20	快速抬刀
G40 X－44 Y－75	取消刀具半径左补偿
Z－3	快速下降至Z－3mm
G41 D02 X－44 Y－65	建立刀具半径左补偿D02＝8
N140 S1200 M03	精铣,主轴正转转速为1200r/min
N150 G01 Y－12 F120	直线插补切削
N160 G03 Y12 R－12	逆时针圆弧插补顺铣圆弧R－12
N170 G01 Y44 ,R10	直线插补切削,形成倒圆角R10
X－12	直线插补切削
N180 G03 X12 R－12	逆时针圆弧插补顺铣圆弧R－12
N190 G01 X44 ,C10	直线插补切削,形成倒角C10
Y12	直线插补切削
N200 G03 Y－12 R－12	逆时针圆弧插补顺铣圆弧R－12
N210 G01 Y－44 ,R10	直线插补切削,形成倒圆角R10
X12	直线插补切削
N220 G03 X－12 R－12	逆时针圆弧插补顺铣圆弧R－12
N230 G01 X－34	直线插补切削
X－60 Y－18	直线插补切削,形成倒角C10
N240 G00 Z100	快速抬刀
G40 X0 Y0	返回工件X、Y原点,取消刀具半径左补偿
N250 M05	主轴停止
N260 M30	程序结束,返回程序头
O0003	主程序名(φ8麻花转头钻孔)
N10 G56 G15 S1200 M03 T03	设定工件坐标系,主轴正转转速为1200r/min

89

续表

加工程序(参考程序)	程 序 注 释
N20 G00 X0 Y0 Z20	快速移动点定位
N30 G16	建立极坐标
N40 G99 G73 X40 Y45 Z-32 R5 Q4 F120	钻通孔,返回R平面,每次下刀4mm
Y135	
Y-135	
G98 Y-45	返回初始平面
N50 G15 G80	取消极坐标、钻孔循环
N60 G00 X0 Y0 Z100	快速抬刀返回工件X、Y原点
N60 M05	主轴停止
N70 M30	程序结束,返回程序头
O0004	加工沉孔(ϕ10 键槽铣刀)
N10 G57 G69 S1200 M03 T04	设定工件坐标系,主轴正转转速为1200r/min
N20 G00 X0 Y0 Z10	快速移动点定位
N30 M98 P0044	调用子程序,加工第一沉孔
N40 G68 X0 Y0 R90	坐标旋转90°
N50 M98 P0044	调用子程序,加工第二沉孔
N60 G69	取消坐标旋转
N70 G68 X0 Y0 R180	坐标旋转180°
N80 M98 P0044	调用子程序,加工第三沉孔
N90 G69	取消坐标旋转
N100 G68 X0 Y0 R270	坐标旋转270°
N110 M98 P0044	调用子程序,加工第四沉孔
N120 G69	取消坐标旋转
N130 G00 Z100	快速移动抬刀
N140 M05	主轴停止
N150 M30	程序结束,返回程序头
O0044	子程序
N10 G00 X28.28 Y28.28	快速移动点定位
N20 G01 Z-4 F100	直线插补下刀Z-4mm
X29.28	直线插补切削
N30 G03 I-1 J0	逆时针圆弧插补顺铣圆
N40 G01 X28.28	
N50 G00 Z10	抬刀
X0 Y0	返回工件X、Y原点
N60 M99	子程序结束

第六节 数控铣床实操基础练习课题六

一、零件图

零件图见图 5-6。

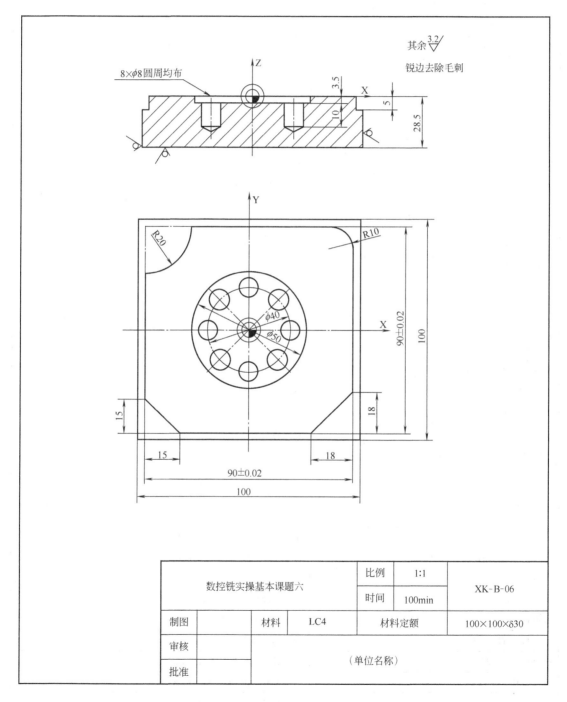

图 5-6 零件图

二、加工程序

数控铣床实操基础练习课题六	刀 具 表	
	T01	φ80 面铣刀
	T02	φ16 圆柱立铣刀
	T03	φ8 麻花钻头
	T04	φ10 键槽铣刀
	切 削 用 量	
	粗加工	精加工
主轴速度 S	600/1000r/min	800/1200r/min
进给量 F	160 mm/min	120mm/min
切削深度 a_p	4.8mm	0.2mm

加工程序(参考程序)	程 序 注 释
O0001	主程序名(φ80 面铣刀铣平面)
N10 G54 S600 M03 T01	设定工件坐标系,主轴正转转速为 600r/min
N20 G00 X−100 Y−15 Z10	快速点定位
Z0.2	进刀
N30 G01 X100 F120	直线插补粗铣平面
N40 G00 Y60	快速移动点定位
N50 G01 X−100 F120	直线插补粗铣平面
N60 G00 Z5	抬刀
X−100 Y−15	快速移动点定位
Z0	
N70 S800 M03	精铣主轴正转转速为 800r/min
N80 G01 X100 F80	直线插补精铣平面
N90 G00 Y60	快速移动点定位
N100 G01 X−100 F80	直线插补精铣平面
N110 G00 Z100	快速移动抬刀
X0 Y0	返回工件 X,Y 原点
N120 M05	主轴停止
N130 M30	程序结束,返回程序头
O0002	主程序名(φ16 圆柱立铣刀铣轮廓)
N10 G55 G40 S1000 M03 T02	设定工件坐标系,主轴正转转速为 1000r/min
N20 G00 X−45 Y−80 Z20	快速移动点定位
Z−4.8	快速下降至 Z−4.8mm
N30 G00 G41 D03 Y−60	建立刀具半径左补偿,D03=15
N40 G01 Y25 F160	直线插补切削
N50 G03 X−25 Y45 R20	逆时针圆弧插补顺铣圆弧 R20
N60 G01 X45 ,R10	直线插补切削,形成倒圆角 R10
Y−45 ,C18	直线插补切削,形成倒角 C18

续表

加工程序(参考程序)	程序注释
X－30	直线插补切削
X－60 Y－15	直线插补切削,形成倒角C15
N70 G00 Z20	抬刀
G40 X－45 Y－80	快速移动点定位
Z－4.8	快速下降至Z－4.8mm
N80 G00 G41 D01 Y－60	建立刀具半径左补偿,D01=8.2
N90 G01 Y25 F160	直线插补切削
N100 G03 X－25 Y45 R20	逆时针圆弧插补顺铣圆弧R20
N110 G01 X45 Y45 ,R10	直线插补切削,形成倒圆角R10
N120 G01 Y－45 ,C18	直线插补切削,形成倒角C18
N130 G01 X－45 ,C15	直线插补切削,形成倒角C15
N140 G01 Y－30	
N150 G00 Z20	抬刀
N160 G40 X－45 Y－80	取消刀具半径补偿
Z－5	快速下降至Z－5mm
N170 S1200 M03	精铣转速S1200r/min
N180 G00 G41 D03 Y－60	建立刀具半径左补偿,D03=15
N190 G01 Y25 F120	直线插补切削
N200 G03 X－25 Y45 R20	逆时针圆弧插补顺铣圆弧R20
N210 G01 X45 ,R10	直线插补切削,形成倒圆角R10
Y－45 ,C18	直线插补切削,形成倒角C18
X－30	直线插补切削
X－60 Y－15	直线插补切削,形成倒角C15
N230 G00 Z20	抬刀
G40 X－45 Y－80	快速移动点定位
Z－5	快速下降至Z－5mm
N240 G00 G41 D02 Y－60	建立刀具半径左补偿,D02=8
N250 G01 Y25 F120	直线插补切削
N260 G03 X－25 Y45 R20	逆时针圆弧插补顺铣圆弧R20
N270 G01 X45 Y45 ,R10	直线插补切削,形成倒圆角R10
N280 G01 Y－45 ,C18	直线插补切削,形成倒角C18
N290 G01 X－30	直线插补切削
X－60 Y－15	直线插补切削,形成倒角C15
N300 G00 Z100	快速抬刀
G40 X－100 Y－50	取消刀具半径补偿
N310 M05	主轴停止
N320 M30	程序结束,返回程序头

续表

加工程序(参考程序)	程 序 注 释
O0003	主程序名(φ10键槽铣刀铣内圆弧槽)
N10 G57 S1000 M03 T04	设定工件坐标系,主轴正转转速为1000r/min
N20 G00 X0 Y0 Z10	快速移动点定位
N30 G01 Z−3.3 F100	直线插补下刀至Z−3.3mm
X9 F160	直线插补切削
N40 G03 I−9 J0	逆时针圆弧插补顺铣圆
N50 G01 X18	直线插补切削
N60 G03 I−18 J0	逆时针圆弧插补顺铣圆
N70 G01 X19.8	直线插补切削
N80 G03 I−19.8 J0	逆时针圆弧插补顺铣圆
N90 G01 X0 Y0	快速返回工件X、Y原点
N100 S1200 M03	精铣主轴正转转速为1200r/min
N110 G01 Z−3.5 F120	直线插补下刀至Z−3.5mm
X9	直线插补切削
N120 G03 I−9 J0	逆时针圆弧插补顺铣圆
N130 G01 X18	直线插补切削
N140 G03 I−18 J0	逆时针圆弧插补顺铣圆
N150 G01 X20	直线插补切削
N160 G03 I−20 J0	逆时针圆弧插补顺铣圆
N170 G01 X0 Y0	返回工件X、Y原点
N180 G00 Z100	抬刀
N190 M05	主轴停止
N200 M30	程序结束,返回程序头
O0004	主程序名(φ8麻花钻头钻8×φ8孔)
N10 G56 G15 S1200 M03 T03	设定工件坐标系,主轴正转转速为1200r/min
N20 G00 X0 Y0 Z20	快速移动点定位
N30 G16	建立极坐标
N40 G99 G73 X20 Y0 Z−15.8 R5 Q4 F120	用钻孔循环钻8×φ8孔,R平面设为5mm
Y45	
Y90	
Y135	
Y180	
Y225	
Y270	
G98 Y315	返回初始平面
N50 G15 G80	取消极坐标、钻孔循环
N60 G00 X0 Y0 Z100	返回工件X、Y原点,快速抬刀
N70 M05	主轴停转
N80 M30	程序结束,返回程序头

第七节　数控铣床实操基础练习课题七

一、零件图
零件图见图 5-7。

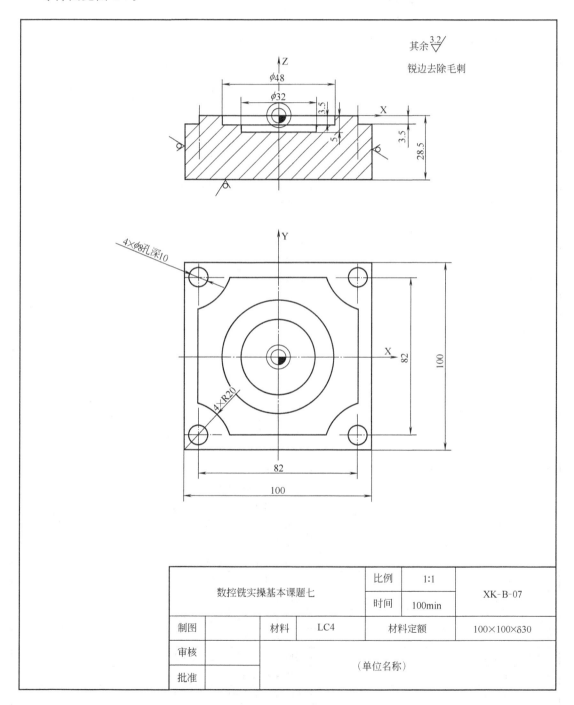

图 5-7　零件图

二、加工程序

数控铣床实操基础练习课题七	刀 具 表	
	T01	φ80 面铣刀
	T02	φ16 圆柱立铣刀
	T03	φ10 键槽铣刀
	T04	φ8 麻花钻头
	切 削 用 量	
	粗加工	精加工
主轴速度 S	1000r/min	1200r/min
进给量 F	200mm/min	120mm/min
切削深度 a_p	4.8mm	0.2mm

加工程序(参考程序)	程 序 注 释
O0001	主程序名(φ80 面铣刀铣平面)
N10 G54 S600 M03 T01	设定工件坐标系,主轴正转转速为 600r/min
N20 G00 X−100 Y−15 Z10	快速点定位
Z0.2	进刀
N30 G01 X100 F120	直线插补粗铣平面
N40 G00 Y60	快速移动点定位
N50 G01 X−100 F120	直线插补粗铣平面
N60 G00 Z5	抬刀
X−100 Y−15	快速移动点定位
Z0	
N70 S800 M03	精铣主轴正转转速为 800r/min
N80 G01 X100 F80	直线插补精铣平面
N90 G00 Y60	快速移动点定位
N100 G01 X−100 F80	直线插补精铣平面
N110 G00 Z100	快速移动抬刀
X0 Y0	返回工件 X、Y 原点
N120 M05	主轴停止
N130 M30	程序结束,返回程序头
O0002	主程序名(φ16 圆柱立铣刀铣轮廓)
N10 G55 G40 S1000 M03 T01	设定工件坐标系,主轴正转转速为 1000r/min,必要的初始化
N20 G00 X−41 Y−85 Z20	快速移动点定位
Z−3.3	快速下降至 Z−3.3mm
N30 G01 G41 D03 Y−60 F160	建立刀具半径左补偿进行粗铣,D03=24
Y21	直线插补切削
N40 G03 X−21 Y41 R20	逆时针圆弧插补顺铣圆弧 R20
N50 G01 X21	直线插补切削
N60 G03 X41 Y21 R20	逆时针圆弧插补顺铣圆弧 R20
N70 G01 Y−21	直线插补切削
N80 G03 X21 Y−41 R20	逆时针圆弧插补顺铣圆弧 R20
N90 G01 X−21	直线插补切削

续表

加工程序(参考程序)	程 序 注 释
N100 G03 X−41 Y−21 R20	逆时针圆弧插补顺铣圆弧 R20
N110 G00 Z20	快速抬刀
N120 G00 G40 X−41 Y−85	取消半径补偿
N130 G01 G41 D02 Y−60 F200	建立刀具半径左补偿进行粗铣,D02=8.2
Y21	直线插补切削
N140 G03 X−21 Y41 R20	逆时针圆弧插补顺铣圆弧 R20
N150 G01 X21	直线插补切削
N160 G03 X41 Y21 R20	逆时针圆弧插补顺铣圆弧 R20
N170 G01 Y−21	直线插补切削
N180 G03 X21 Y−41 R20	逆时针圆弧插补顺铣圆弧 R20
N190 G01 X−21	直线插补切削
N200 G03 X−41 Y−21 R20	逆时针圆弧插补顺铣圆弧 R20
N210 G00 Z20	快速抬刀
N200 G00 G40 X−41 Y−85	取消半径补偿
Z−3.5	快速下降至 Z−3.5mm
N230 S1200 M03	精铣,主轴正转转速为1200r/min
N240 G01 G41 D03 Y−60 F120	建立刀具半径左补偿进行精铣,D03=24
Y21	直线插补切削
N250 G03 X−21 Y41 R20	逆时针圆弧插补顺铣圆弧 R20
N260 G01 X21	直线插补切削
N270 G03 X41 Y21 R20	逆时针圆弧插补顺铣圆弧 R20
N280 G01 Y−21	直线插补切削
N290 G03 X21 Y−41 R20	逆时针圆弧插补顺铣圆弧 R20
N300 G01 X−21	直线插补切削
N310 G03 X−41 Y−21 R20	逆时针圆弧插补顺铣圆弧 R20
N320 G00 Z20	快速抬刀
N330 G00 G40 X−41 Y−85	取消半径补偿
N340 G01 G41 D01 Y−60 F120	建立半径左补偿,D01=8
Y21	直线插补切削
N350 G03 X−21 Y41 R20	逆时针圆弧插补顺铣圆弧 R20
N360 G01 X21	直线插补切削
N370 G03 X41 Y21 R20	逆时针圆弧插补顺铣圆弧 R20
N380 G01 Y−21	直线插补切削
N390 G03 X21 Y−41 R20	逆时针圆弧插补顺铣圆弧 R20
N400 G01 X−21	直线插补切削
Y−60	直线插补切削
N410 G03 X−41 Y−21 R20	逆时针圆弧插补顺铣圆弧 R20
N420 G01 X−60	直线插补切削
N430 G00 Z10	快速抬刀
N440 G00 G40 X−100 Y−85	取消半径补偿
N450 G28 X−100 Y−85 Z20	自动返回机床原点

续表

加工程序(参考程序)	程 序 注 释
N460 M05	主轴停止
N470 M30	程序结束,返回程序头
O0003	程序名(φ10键槽铣刀铣内圆弧槽)
N10 G56 G40 S1000 M03 T02	设定工件坐标系主轴正转转速为1000r/min,必要的初始化
N20 G00 X0 Y0 Z10	快速移动点定位
N30 G01 Z−4.8 F100	直线插补切削下降至Z−4.8mm
X9 F160	直线插补切削
N40 G03 I−9 J0	逆时针圆弧插补铣圆弧
N50 G01 X10.8	直线插补切削
B60 G03 I−10.8 J0	逆时针圆弧插补铣圆弧
N70 G01 Z−3.3	直线插补切削至Z−3.3mm
X18.8	直线插补切削
N80 G03 I−18.8 J0	逆时针圆弧插补铣圆弧
N90 S1200 M03	精铣主轴正转转速为1200r/min
N100 G01 X0 Y0	直线插补切削返回原点
Z−5 F120	直线插补切削至Z−5mm
X9	直线插补切削
N120 G03 I−9 J0	逆时针圆弧插补铣圆弧
N130 G01 X11	直线插补切削
N140 G03 I−11 J0	逆时针圆弧插补铣圆弧
N150 G01 X0 Y0	直线插补切削返回原点
Z−3.5	直线插补切削至Z−3.5mm
X19	直线插补切削
N160 G03 I−19 J0	逆时针圆弧插补铣圆弧
N170 G01 X0 Y0	直线插补切削返回原点
N180 G00 Z10	快速抬刀
N190 G28 X0 Y0 Z20	自动返回机床原点
N200 M05	主轴停止
N210 M30	程序结束,返回程序头
O0004	主程序名(φ8麻花钻钻头钻4×φ8孔)
N10 G57 G15 M03 S1200 T04	设定工件坐标系,主轴正转转速为1200r/min
N20 G00 X0 Y0 Z20	快速移动点定位
N30 G16	建立极坐标
N40 G99 G73 X57.97 Y45 Z−15.8 R3 Q3 F120	用钻孔循环钻4×φ8孔,R平面设为3mm
Y135	
Y−135	
G98 Y−45	返回初始平面
N50 G15 G80	取消极坐标,钻孔循环
N60 G00 X0 Y0 Z100	快速抬刀,返回X、Y原点
N70 M05	主轴停转
N80 M30	程序结束,返回程序头

第八节 数控铣床实操基础练习课题八

一、零件图
零件图见图 5-8。

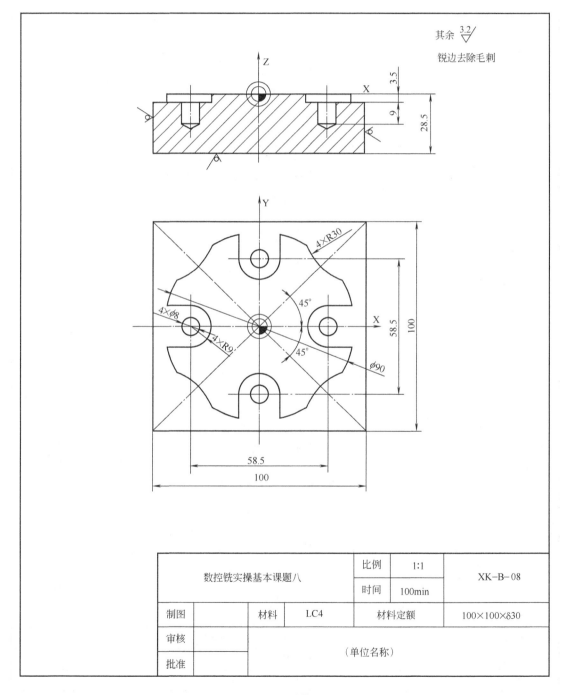

图 5-8 零件图

二、加工程序

数控铣床实操基础练习课题八	刀 具 表	
	T01	φ80 面铣刀
	T02	φ16 圆柱立铣刀
	T03	φ8 麻花钻头
	切 削 用 量	
	粗加工	精加工
主轴速度 S	600/1000r/min	800/1200r/min
进给量 F	160 mm/min	120mm/min
切削深度 a_p	2.8mm	0.2mm
加工程序(参考程序)	程 序 注 释	
O0001	主程序名(φ80 面铣刀铣平面)	
N10 G54 S600 M03 T01	设定工件坐标系,主轴正转转速为600r/min	
N20 G00 X－100 Y－15 Z10	快速点定位	
Z0.2	进刀	
N30 G01 X100 F120	直线插补粗铣平面	
N40 G00 Y60	快速移动点定位	
N50 G01 X－100 F120	直线插补粗铣平面	
N60 G00 Z5	抬刀	
X－100 Y－15	快速移动点定位	
Z0		
N70 S800 M03	精铣主轴正转转速为800r/min	
N80 G01 X100 F80	直线插补精铣平面	
N90 G00 Y60	快速移动点定位	
N100 G01 X－100 F80	直线插补精铣平面	
N110 G00 Z100	快速移动抬刀	
X0 Y0	返回工件 X、Y 原点	
N120 M05	主轴停止	
N130 M30	程序结束,返回程序头	
O0002	主程序名(φ16 圆柱立铣刀铣轮廓)	
N10 G55 G40 S800 M03 T02	设定工件坐标系,主轴正转转速为800r/min	
N20 G00 X－63 Y－70 Z20	快速移动点定位	
Z－3.3	快速下降至 Z－3.3mm	
N30 G01 Y0 F160	直线插补切削	
N40 G02 I63 J0	顺时针圆弧插补顺铣圆	
N50 G00 Z20	抬刀	
N60 G00 X9 Y－70	快速移动点定位	
Z－3.3	快速下降至 Z－3.3mm	

续表

加工程序(参考程序)	程序注释
N70 G00 G41 D01 Y−60	建立刀具半径左补偿 D01=8.2
N80 G01 Y−29.25 F160	直线插补切削
N90 G03 X−9 Y−29.25 R−9	逆时针圆弧插补顺铣圆弧 R9
N100 G01 Y−44.091	直线插补切削
N110 G02 X−21.987 Y−39.263 R45	顺时针圆弧插补顺铣圆弧 R45
N120 G03 X−39.263 Y−21.263 R30	逆时针圆弧插补顺铣圆弧 R30
N130 G02 X−44.091 Y−9 R45	顺时针圆弧插补顺铣圆弧 R45
N140 G01 X−29.25 Y−9	直线插补切削
N150 G03 X−29.25 Y9 R−9	逆时针圆弧插补顺铣圆弧 R9
N1160 G01 X−44.091	直线插补切削
N170 G02 X−39.263 Y21.987 R45	顺时针圆弧插补顺铣圆弧 R45
N180 G03 X−21.987 Y39.263 R30	逆时针圆弧插补顺铣圆弧 R30
N190 G02 X−9 Y39.263 R45	顺时针圆弧插补顺铣圆弧 R45
N200 G01 Y29.25	直线插补切削
N210 G03 X9 Y29.25 R−9	逆时针圆弧插补顺铣圆弧 R9
N220 G01 Y44.091	直线插补切削
N230 G02 X21.987 Y39.263 R45	顺时针圆弧插补顺铣圆弧 R45
N240 G03 X39.263 Y21.987 R30	逆时针圆弧插补顺铣圆弧 R30
N250 G02 X44.091 Y9 R45	顺时针圆弧插补顺铣圆弧 R45
N260 G01 X29.25	直线插补切削
N270 G03 X29.25 Y−9 R−9	逆时针圆弧插补顺铣圆弧 R9
N280 G01 X44.091	直线插补切削
N290 G02 X39.263 Y−21.987 R45	顺时针圆弧插补顺铣圆弧 R45
N300 G03 X21.987 Y−39.263 R30	逆时针圆弧插补顺铣圆弧 R30
N310 G02 X9 Y−44.091 R45	顺时针圆弧插补顺铣圆弧 R45
N320 G01 X0 Y−45	直线插补切削
N330 Z20	抬刀
N340 G00 G40 X−63 Y−70	快速移动点定位,取消刀具半径补偿
N350 S1200 M03	主轴正转转速为1200r/min,精铣
Z−3.5	快速下降至 Z−3.5mm
N360 G01 Y0 F120	直线插补切削,精铣
N370 G02 I63 J0	顺时针圆弧插补顺铣圆
N380 G00 Z10	抬刀
N390 G00 X9 Y−70	快速移动点定位
Z−3.5	快速下降至 Z−3.5mm
N400 G00 G41 D02 Y−60	建立刀具半径左补偿 D02=8
N410 G01 Y−29.25 F120	直线插补切削

续表

加工程序(参考程序)	程序注释
N420 G03 X－9 Y－29.25 R－9	逆时针圆弧插补顺铣圆弧R9
N430 G01 Y－44.091	直线插补切削
N440 G02 X－21.987 Y－39.263 R45	顺时针圆弧插补顺铣圆弧R45
N450 G03 X－39.263 Y－21.263 R30	逆时针圆弧插补顺铣圆弧R30
N460 G02 X－44.091 Y－9 R45	顺时针圆弧插补顺铣圆弧R45
N470 G01 X－29.25 Y－9	直线插补切削
N480 G03 X－29.25 Y9 R－9	逆时针圆弧插补顺铣圆弧R9
N490 G01 X－44.091	直线插补切削
N500 G02 X－39.263 Y21.987 R45	顺时针圆弧插补顺铣圆弧R45
N510 G03 X－21.987 Y39.263 R30	逆时针圆弧插补顺铣圆弧R30
N520 G02 X－9 Y39.263 R45	顺时针圆弧插补顺铣圆弧R45
N530 G01 Y29.25	直线插补切削
N540 G03 X9 Y29.25 R－9	逆时针圆弧插补顺铣圆弧R9
N550 G01 Y44.091	直线插补切削
N560 G02 X21.987 Y39.263 R45	顺时针圆弧插补顺铣圆弧R45
N570 G03 X39.263 Y21.987 R30	逆时针圆弧插补顺铣圆弧R30
N580 G02 X44.091 Y9 R45	顺时针圆弧插补顺铣圆弧R45
N590 G01 X29.25	直线插补切削
N600 G03 X29.25 Y－9 R－9	逆时针圆弧插补顺铣圆弧R9
N610 G01 X44.091	直线插补切削
N620 G02 X39.263 Y－21.987 R45	顺时针圆弧插补顺铣圆弧R45
N630 G03 X21.987 Y－39.263 R30	逆时针圆弧插补顺铣圆弧R30
N640 G02 X9 Y－44.091 R45	顺时针圆弧插补顺铣圆弧R45
N650 G01 X0 Y－45	直线插补切削
N660 G00 Z100	抬刀
G40 X－100 Y－50	取消刀具半径补偿
N670 M05	主轴停止
N680 M30	程序结束,返回程序头
O0003	主程序名(φ8麻花钻头钻孔)
N10 G56 G15 S1200 M03 T03	设定工件坐标系,主轴正转转速为1200r/min
N20 G00 X0 Y0 Z20	快速点定位
N30 G99 G73 X29.25 Y0 Z－14.8 R5 Q4 F120	钻孔深9,R平面为5mm,每次进给4mm
X0 Y29.25	
X－29.25 Y0	
G98 X0 Y－29.25	返回初始平面
N40 G80	取消钻孔循环
N50 G00 X0 Y0 Z100	返回工件X、Y原点
N60 M05	主轴停止
N70 M30	程序结束,返回程序头

第六章 数控铣床实操（中级工）练习课题

第一节 数控铣床操作工（中级）考核练习题一

一、零件图

零件图见图 6-1。

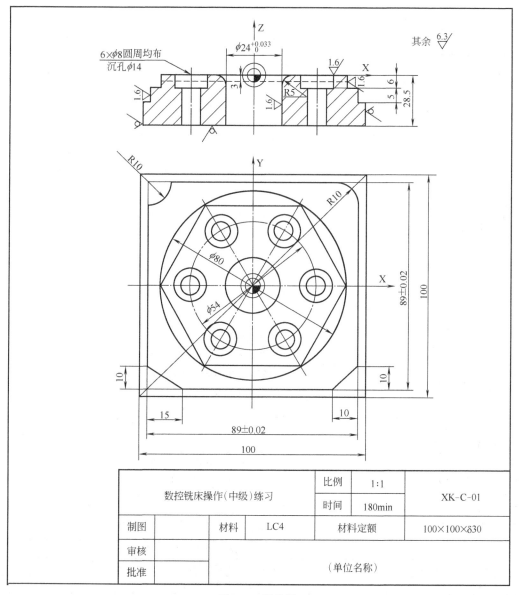

图 6-1 零件图

二、加工程序

数控铣床操作工(中级)考核练习题一	刀 具 表	
	T01	φ80 面铣刀
	T02	φ16 立铣刀
	T03	φ8 麻花钻头
	T04	φ10 键槽铣刀
	T05	φ22 麻花钻头
	T06	镗孔刀
	切 削 用 量	
	粗加工	精加工
主轴速度 S	(800)1000r/min	(1000)1200r/min
进给量 F	160mm/min	120mm/min
切削深度 a_p	10.8mm	0.5mm

加工程序(参考程序)	程 序 注 释
O0001	主程序名(φ80 面铣刀铣平面)——工件原点为中心点
N10 G54 S600 M03 T01	设定工件坐标系,主轴正转转速为600r/min
N20 G00 X−100 Y−15 Z10	快速点定位
Z0.2	进刀
N30 G01 X100 F120	直线插补粗铣平面
N40 G00 Y60	快速移动点定位
N50 G01 X−100 F120	直线插补粗铣平面
N60 G00 Z5	抬刀
X−100 Y−15	快速移动点定位
Z0	
N70 S800 M03	精铣主轴正转转速为800r/min
N80 G01 X100 F80	直线插补精铣平面
N90 G00 Y60	快速移动点定位
N100 G01 X−100 F80	直线插补精铣平面
N110 G00 Z100	快速移动抬刀
X0 Y0	返回工件 X、Y 原点
N120 M05	主轴停止
N130 M30	程序结束,返回程序头
O0002	主程序名(φ16 立铣刀铣侧面、铣外圆、六角)
N10 G55 G40 S800 M03 T02	设定工件坐标系,主轴正转转速为800r/min
N20 G00 X−44.5 Y−70 Z10	快速移动点定位
Z−10.8	快速下降至 Z−10.8mm(粗铣侧面)
N30 G00 G41 D01 X−44.5 Y−60	建立刀具半径左补偿,D01=8.5
N40 G01 Y34.5 F160	直线插补铣削
N50 G03 X−34.5 Y44.5 R10	逆时针圆弧插补铣 R10 圆角
N60 G01 X44.5,R10	直线插补铣削 R10 圆角
Y−44.5,C10	直线插补铣削 C10 倒角
X−29.5	直线插补铣削
X−44.5 Y−34.5	直线插补铣削
N70 G00 Z10	刀具退到离工件表面 10mm 处
G40 X−44.5 Y−70	取消刀具半径左补偿
Z−11	进刀快速下降至 Z−11mm
N80 S1000 M03	主轴正转转速为 1000r/min(精铣侧面)

续表

加工程序(参考程序)	程 序 注 释
N90 G00 G41 D02 X−44.5 Y−60	建立刀具半径左补偿，D02=8
N100 G01 Y34.5 F120	直线插补铣削
N110 G03 X−34.5 Y44.5 R10	逆时针圆弧插补铣削 R10 圆角
N120 G01 X44.5,R10	直线插补铣削 R10 圆角
Y−44.5,C10	直线插补铣削 C10 倒角
X−29.5	直线插补铣削
X−60 Y−24.167	直线插补铣削
N130 G00 Z10	刀具退到离工件表面 10mm 处
G40 X−40 Y−70	取消刀具半径左补偿
Z−5.8	快速下降至 Z−5.8mm(粗铣外圆)
N140 S800 M03	主轴正转转速为 800r/min
N150 G01 G41 D03 X−40 Y−50 F160	建立刀具半径左补偿，D03=14
N160 G01 Y0	直线插补铣削
N170 G02 I40 J0	顺时针插补铣圆
N180 G00 Z10	刀具退到离工件表面 10mm 处
G40 X−40 Y−70	取消刀具半径左补偿
Z−5.8	快速下降至 Z−5.8mm(粗铣外圆)
N190 G01 G41 D04 X−40 Y−50 F160	建立刀具半径左补偿，D04=8.2
N200 G01 Y0	直线插补铣削
N210 G02 I40 J0	顺时针插补铣圆
N220 G00 Z10	刀具退到离工件表面 10mm 处
G40 X−40 Y−70	取消刀具半径左补偿
N230 S1000 M03	主轴正转转速为 1000r/min(精铣外圆)
Z−6	直线插补下降至 Z−6mm
N240 G01 G41 D03 X−40 Y−50 F120	建立刀具左补偿，D03=14
N250 G01 Y0	直线插补铣削
N260 G02 I40 J0	顺时针圆弧插补铣圆
N270 G00 Z10	刀具退到离工件表面 10mm 处
G40 X−40 Y−70	取消刀具半径左补偿
Z−6	直线插补下降至 Z−6mm
N280 G01 G41 D02 X−40 Y−50 F120	建立刀具左补偿，D02=8
N290 G01 Y0	直线插补铣削
N300 G02 I40 J0	顺时针插补铣圆
N310 G00 Z10	刀具退到离工件表面 10mm 处
G40 X50 Y−34.641	取消刀具半径左补偿
Z−2.8	快速下降至 Z−2.8mm(粗铣六角)
N320 S800 M03	主轴正转转速为 800r/min
N330 G00 G41 D04 X40 Y−34.641	建立刀具左补偿，D04=8.2
N340 G01 X−20 F160	直线插补铣削
X−40 Y0	直线插补铣削
X−20 Y34.641	直线插补铣削
X20	直线插补铣削
X40 Y0	直线插补铣削

续表

加工程序(参考程序)	程 序 注 释
X20 Y-34.641	直线插补铣削
N350 G00 Z10	刀具退到离工件表面10mm处
G40 X50 Y-34.641	取消刀具半径左补偿
N360 S1000 M03	主轴正转转速为1000r/min(精铣六角)
Z-3	直线插补下降至Z-3mm
N390 G00 G41 D02 X40 Y-34.641	建立刀具左补偿,D02=8
N400 G01 X-20 F120	直线插补铣削
X-40 Y0	直线插补铣削
X-20 Y34.641	直线插补铣削
X20	直线插补铣削
X40 Y0	直线插补铣削
X12.576 Y-47.5	直线插补铣削
N410 G00 Z100	抬刀
G40 X-100 Y-50	取消刀具半径左补偿
N420 M05	主轴停转
N430 M30	程序结束,返回
O0003	主程序名(ϕ8 麻花钻头钻 6×ϕ8 孔)
N10 G56 G15 G80 S1200 M03 T03	设定工件坐标系,主轴正转转速为1200r/min
N20 G00 X0 Y0 Z20	快速移动点定位
N30 G16	建立极坐标
N40 G99 G81 X27 Y0 Z-32 R5 F120	钻孔循环
Y60	钻孔循环
Y120	钻孔循环
Y180	钻孔循环
Y240	钻孔循环
N50 G98 Y300	钻孔循环并返回初始平面
N60 G00 X0 Y0 Z100	返回工件 X、Y 原点
N70 M05	主轴停转
N80 M30	程序结束,返回
O0004	主程序名(ϕ10 键槽铣刀铣沉孔)
N10 G57 G69 M03 S1200 T04	设定工件坐标系,主轴正转转速为1200r/min
N20 G00 X0 Y0 Z10	快速移动点定位
N30 M98 P0044	调用沉孔子程序
N40 G68 X0 Y0 R60	坐标旋转60°
N50 M98 P0044	调用沉孔子程序
N60 G69	取消坐标系旋转
N70 G68 X0 Y0 R120	坐标旋转120°
N80 M98 P0044	调用沉孔子程序
N90 G69	取消坐标旋转
N100 G68 X0 Y0 R180	坐标系旋转180°
N110 M98 P0044	调用沉孔子程序
N120 G69	取消坐标系旋转
N130 G68 X0 Y0 R240	坐标系旋转240°
N140 M98 P0044	调用沉孔子程序
N150 G69	取消坐标系旋转
N160 G68 X0 Y0 R300	坐标系旋转300°
N170 M98 P0044	调用沉孔子程序
N180 G69	取消坐标系旋转
N190 G00 Z100	快速抬刀
N200 M05	主轴停转

续表

加工程序(参考程序)	程序注释
N210 M30	程序结束,返回
O0044	子程序(φ10 键槽铣刀铣沉孔)
N10 G00 X27 Y0 Z10	快速移动点定位
N20 G01 Z−5.8 F120	直线插补下降至 Z−5.8mm(粗铣)
X28.8	直线插补铣削
N20 G03 I−1.8 J0	逆时针圆弧插补铣圆
N30 G01 X27 Y0	返回原点
Z−6 F80	直线插补下降至 Z−6mm(精铣)
X29	直线插补铣削
N40 G03 I−2 J0	逆时针圆弧插补铣圆
N50 G01 X27 Y0	返回沉孔原点
N60 G00 Z10	刀具退到离工件表面 10mm 处
X0 Y0	返回工件 X、Y 原点
N70 M99	子程序结束,返回主程序
O0005	主程序名(φ22 麻花钻头钻 φ22 孔)
N10 G58 G80 S300 M03 T05	设定工件坐标系,主轴正转转速为 300r/min
N20 G00 X0 Y0 Z20	快速移动点定位
N30 G98 G73 X0 Y0 Z−35 Q4 R5 F30	钻 φ22 孔
N40 G80	取消固定循环
N50 G00 Z100	快速抬刀
N60 M05	主轴停转
N70 M30	程序结束,返回
O0006	主程序名(镗 φ24 孔)
N10 G59 G80 S200 M03 T06	设定工件坐标系,主轴正转转速为 200r/min
N20 G00 X0 Y0 Z20	快速移动点定位
N30 G98 G86 X0 Y0 Z−30 R5 F20	镗 φ24 孔
N40 G80	取消固定循环
N50 G00 Z100	快速抬刀
N60 M05	主轴停转
N70 M30	程序结束,返回
O0007	主程序名(φ10 键槽铣刀倒圆角)
N10 G57 S1500 M03 T04	设定工件坐标系,主轴正转转速为 1500r/min
N20 G00 X0 Y0 Z10	快速移动点定位
X12	
N30 G01 Z0 F120	直线插补下降至 Z0mm
N40 G65 P0077	调用子程序倒圆角
N50 G00 Z100	刀具退到离工件表面 100mm 处
N60 M05	主轴停转
N70 M30	程序结束,返回
O0077	子程序(倒圆角)
N10 #1=0	设置 1 号变量初始值为 0
N20 WHILE [#1 LE 90] D01	当 1 号变量小于等于 90°时,执行循环
N30 #2=12−5*SIN[#1]	2 号变量
#3=5*COS[#1]−5	3 号变量
N40 G01 X[#2] Z[#3] F100	XZ 轴直线插补铣削
N50 G03 I[−#2] J0 F1000	逆时针圆弧插补铣削
N60 #1=#1+0.5	1 号变量每次增加 0.5°
N70 END1	宏程序结束
N80 G00 X0 Y0	返回工件 X、Y 原点
N90 M99	子程序结束,返回主程序

第二节 数控铣床操作工(中级)考核练习题二

一、零件图

零件图见图 6-2。

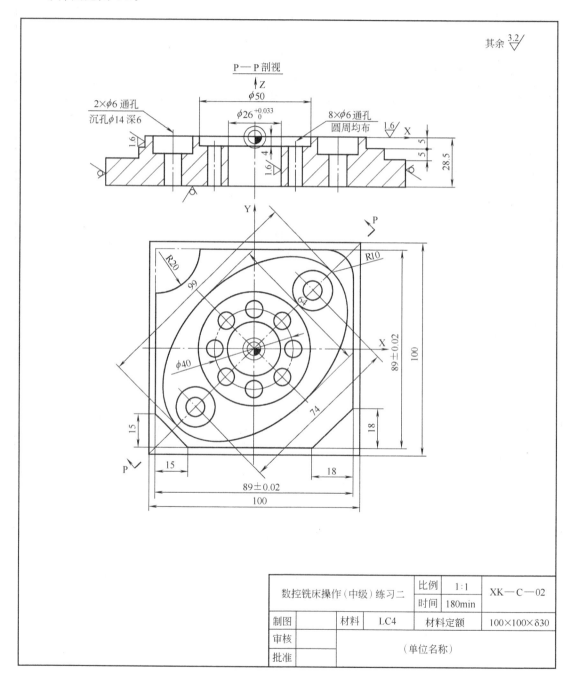

图 6-2 零件图

二、加工程序

数控铣床操作工（中级）考核练习题二	刀 具 表	
	T01	φ80 面铣刀
	T02	φ16 立铣刀
	T03	φ10 键槽铣刀
	T04	φ6 钻头
	T05	φ24 钻头
	T06	镗孔刀

	切 削 用 量	
	粗加工	精加工
主轴速度 S	(800)1000r/min	(1000)1200r/min
进给量 F	160mm/min	120mm/min
切削深度 a_p	9.8mm	0.2mm

加工程序（参考程序）	程 序 注 释
O0001	主程序名（φ80 面铣刀铣平面）——工件原点为中心点
N10 G54 S600 M03 T01	设定工件坐标系，主轴正转转速为 600r/min
N20 G00 X－100 Y－15 Z10	快速点定位
Z0.2	进刀
N30 G01 X100 F120	直线插补粗铣平面
N40 G00 Y60	快速移动点定位
N50 G01 X－100 F120	直线插补粗铣平面
N60 G00 Z5	抬刀
X－100 Y－15	快速移动点定位
Z0	
N70 S800 M03	精铣主轴正转转速为 800r/min
N80 G01 X100 F80	直线插补精铣平面
N90 G00 Y60	快速移动点定位
N100 G01 X－100 F80	直线插补精铣平面
N110 G00 Z100	快速移动抬刀
X0 Y0	返回工件 X、Y 原点
N120 M05	主轴停止
N130 M30	程序结束，返回程序头
O0002	主程序名（φ16 立铣刀铣侧面、椭圆轮廓）
N10 G55 G40 S800 M03 T02	设定工件坐标系，主轴正转转速为 800r/min
N20 G00 X－44.5 Y－80 Z10	快速移动点定位
Z－9.8	快速下降至 Z－9.8mm（粗铣侧面）
N30 G00 G41 D01 X－44.5 Y－60	建立刀具半径左补偿 D01=15
N40 F160	粗铣进给量 F160
N50 M98 P0022	调用子程序铣侧面
N60 G00 G40 X－44.5 Y－80	取消刀具半径补偿
Z－9.8	直线插补下降至 Z－9.8mm
N70 G00 G41 D02 X－44.5 Y－60	建立刀具半径左补偿 D02=8.2
N80 F160	粗铣进给量 F160
N90 M98 P0022	调用子程序铣侧面
N100 G00 G40 X－44.5 Y－80	取消刀具半径补偿

续表

加工程序(参考程序)	程 序 注 释
Z－10	直线插补下降至Z－10mm
N110 S1000 M03	主轴正转转速为1000r/min(精铣侧面)
N120 G00 G41 D01 X－44.5 Y－60	建立刀具半径左补偿 D01＝15
N130 F120	精铣进给量F120
N140 M98 P0022	调用子程序铣侧面
N150 G00 G40 X－44.5 Y－80	取消刀具半径补偿
Z－10	快速下降至Z－10mm
N160 G00 G41 D03 X－44.5 Y－60	建立刀具半径左补偿 D03＝8
N170 F120	精铣进给量F120
N180 M98 P0022	调用子程序铣侧面
N190 G00 G40 X0 Y0	取消刀具半径补偿
N200 S800 M03	主轴正转转速为800r/min
N210 G68 X0 Y0 R45	坐标旋转R45
N220 G00 X－49.5 Y－70 Z10	快速移动点定位
Z－4.8	快速下降至Z－4.8mm(粗铣椭圆轮廓)
N230 G00 G41 D01 X－49.5 Y－40	建立刀具半径左补偿 D01＝15
N240 G01 Y0 F160	Y轴定位
N250 G65 P0033	调用子程序铣椭圆
N260 G00 Z10	抬刀
G40 X－49.5 Y－70	取消刀具半径补偿
Z－4.8	快速下降至Z－4.8mm
N270 G00 G41 D02 X－49.5 Y－40	建立刀具半径左补偿 D02＝8.2
N280 G01 Y0 F160	Y轴定位
N290 G65 P0033	调用子程序铣椭圆
N300 G00 Z10	刀具退到离工件表面10mm处
G40 X－49.5 Y－70	取消刀具半径补偿
Z－5	快速下降至Z－5mm
N310 S1000 M03	主轴正转转速为1000r/min(精铣椭圆轮廓)
N320 G00 G41 D01 X－49.5 Y－40	建立刀具半径左补偿 D01＝15
N330 G01 Y0 F120	Y轴定位
N340 G65 P0033	调用子程序铣椭圆
N350 G00 Z10	抬刀
G40 X－49.5 Y－60	取消刀具半径补偿
Z－5	快速下降至Z－5mm
N360 G00 G41 D03 X－49.5 Y－40	建立刀具半径左补偿 D03＝8
N370 G01 Y0 F120	Y轴定位
N380 G65 P0033	调用子程序铣椭圆
N390 G69	取消坐标系统旋转
N400 G00 Z100	快速抬刀
G40 X0 Y0	取消刀具半径补偿
N410 M05	主轴停转
N420 M30	程序结束,返回
O0022	子程序(铣侧面)
N10 G01 X－44.5 Y－44.5	直线插补铣削
Y24.5	直线插补铣削

续表

加工程序(参考程序)	程序注释
N20 G03 X－24.5 Y44.5 R20	逆时针圆弧插补铣 R20 圆弧
N30 G01 X44.5,R10	直线插补铣削
Y－44.5,C18	直线插补铣 C18 倒角
X－29.5	直线插补
X－60 Y－14	直线插补铣削 C15 倒角
N40 G00 Z10	刀具退到离工件表面 10mm 处
N50 M99	子程序结束
O0033	子程序(椭圆外轮廓)
N10 #1=180	1 号变量初始值为 180°
N20 WHILE [#1 GE －180] DO1	1 号变量大于等于－180°,执行循环
N30 #2=49.5*COS[#1]	2 号变量
#3=32*SIN[#1]	3 号变量
N40 G01 X[#2] Y[#3]	直线插补铣削
N50 #1=#1－0.5	1 号变量每次减少 0.5°
N60 END1	宏程序结束
N70 G01 Y5	直线插补铣削
N80 M99	子程序结束,返回主程序
O0003	主程序名(钻 ϕ24 孔)
N10 G58 G80 S300 M03 T05	设定工件坐标系,主轴正转转速为 300r/min
N20 G00 X0 Y0 Z20	快速移动点定位
N30 G98 G73 X0 Y0 Z－35 Q4 R5 F30	钻孔
N40 G80	取消固定循环
N50 G00 Z100	快速抬刀
N60 M05	主轴停转
N70 M30	程序结束,返回
O0004	主程序名(ϕ10 键槽铣刀铣内圆)
N10 G56 S1000 M03 T03	设定工件坐标系,主轴正转转速为 1000r/min
N20 G00 X0 Y0 Z10	快速移动点定位
N30 G01 Z－3.8 F100	直线插补下降至 Z－3.8mm(粗铣)
X18	直线插补铣削
N40 G03 I－18 J0	逆时针圆弧插补铣削
N50 G01 X19.8	直线插补铣削
N60 G03 I－19.8 J0	逆时针圆弧插补铣削
N70 G01 X0 Y0	返回工件 X、Y 原点
N80 S1200 M03	主轴正转转速为 1200r/min
Z－4 F120	直线插补下降至 Z－4mm(精铣)
X18	直线插补铣削
N90 G03 I－18 J0	逆时针圆弧插补铣削
X20	直线插补铣削
N100 G03 I－20 J0	逆时针圆弧插补铣削
N110 G01 X0 Y0	返回工件 X、Y 原点
N120 G00 Z100	快速抬刀
N130 M05	主轴停转
N140 M30	程序结束,返回
O0005	主程序名(钻 10×ϕ6 孔)
N10 G57 G15 G80 S1200 M03 T04	设定工件坐标系,主轴正转转速为 1200r/min
N20 G00 X0 Y0 Z10	快速移动点定位
N30 G16	建立极坐标
N40 G99 G81 X20 Y0 Z－32 R0 F120	钻孔循环
Y45	钻孔循环

续表

加工程序(参考程序)	程 序 注 释
Y90	钻孔循环
Y135	钻孔循环
Y180	钻孔循环
Y225	钻孔循环
Y270	钻孔循环
N50 G98 Y315	钻孔循环并返回到初始平面
N60 G99 G81 X37 Y45 Z-32 R5 F120	钻孔循环
N70 G98 Y225	钻孔循环并返回到初始平面
N80 G15	取消极坐标
N90 G00 X0 Y0	返回工件X、Y原点
N100 G00 Z100	快速抬刀
N110 M05	主轴停转
N120 M30	程序结束,返回
O0006	主程序名(φ10键槽铣刀铣沉孔)
N10 G56 G69 M03 S1200 T03	设定工件坐标系,主轴正转转速为1200r/min
N20 G00 X0 Y0 Z10	快速移动点定位
N30 G68 X0 Y0 R45	坐标系旋转R45
N40 M98 P0066	调用子程序铣沉孔
N50 G69	取消坐标系旋转
N60 G68 X0 Y0 R225	坐标系旋转R225
N70 M98 P0066	调用子程序铣沉孔
N80 G69	取消坐标系旋转
N90 G00 Z100	快速抬刀
N100 M05	主轴停转
N110 M30	程序结束,返回
O0066	子程序名(铣沉孔)
N10 G00 X0 Y0 Z5	快速移动点定位
X37	快速移动点定位
N20 G01 Z-5.8 F100	直线插补下降至Z-5.8mm(粗铣)
X38.8	直线插补铣削
N30 G03 I-1.8 J0	逆时针圆弧插补铣削
N40 G01 X37 Y0	直线插补铣削
Z-6 F80	直线插补至Z-6mm(精铣)
X39	直线插补铣削
N50 G03 I-2 J0	顺时针圆弧插补铣削
N60 G01 X37 Y0	直线插补点定位
N70 G00 Z100	快速抬刀
N60 M99	子程序结束
O0007	主程序名(镗φ26孔)
N10 G59 G80 S200 M03 T06	设定工件坐标系,主轴正转转速为200r/min
N20 G00 X0 Y0 Z20	快速移动点定位
N30 G98 G86 X0 Y0 Z-30 R5 F20	镗φ26孔
N40 G80	取消固定循环
N50 G00 Z100	快速抬刀
N60 M05	主轴停转
N70 M30	程序结束,返回

第三节　数控铣床操作工（中级）考核练习题三

一、零件图

零件图见图 6-3。

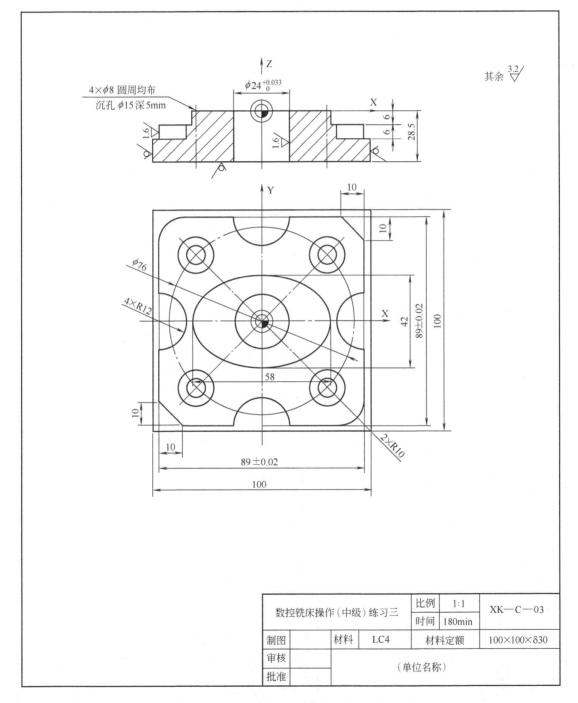

图 6-3　零件图

二、加工程序

数控铣床操作工(中级)考核练习题三	刀 具 表	
	T01	φ80 面铣刀
	T02	φ16 立铣刀
	T03	φ8 钻头
	T04	φ10 键槽铣刀
	T05	φ22 钻头
	T06	镗孔刀
	切 削 用 量	
	粗加工	精加工
主轴速度 S	(800)1000r/min	(1000)1200r/min
进给量 F	200mm/min	120mm/min
切削深度 a_p	11.8mm	0.2mm

加工程序(参考程序)	程序注释
O0001	主程序名(φ80 面铣刀铣平面)——工件原点为中心点
N10 G54 S600 M03 T01	设定工件坐标系,主轴正转转速为600r/min
N20 G00 X－100 Y－15 Z10	快速点定位
Z0.2	进刀
N30 G01 X100 F120	直线插补粗铣平面
N40 G00 Y60	快速移动点定位
N50 G01 X－100 F120	直线插补粗铣平面
N60 G00 Z5	抬刀
X－100 Y－15	快速移动点定位
Z0	
N70 S800 M03	精铣主轴正转转速为800r/min
N80 G01 X100 F80	直线插补精铣平面
N90 G00 Y60	快速移动点定位
N100 G01 X－100 F80	直线插补精铣平面
N110 G00 Z100	快速移动抬刀
X0 Y0	返回工件 X、Y 原点
N120 M05	主轴停止
N130 M30	程序结束,返回程序头
O0002	主程序名(铣侧面、椭圆)
N10 G55 G40 S800 M03 T02	设定工件坐标系,主轴正转转速为800r/min
N20 G00 X－44.5 Y－70 Z10	快速移动点定位
Z－11.8	快速下降至Z－11.8mm(粗铣侧面)
N30 G00 G41 D01 X－44.5 Y－60	建立刀具半径左补偿 D01=8.2
N40 F120	
N50 M98 P0022	调用子程序铣侧面
N60 G00 G40 X－44.5 Y－70	取消刀具半径补偿
N70 S1000 M03	主轴正转转速为1000r/min(精铣侧面)
N80 G00 Z－12	直线插补下降至Z－12mm
N90 G00 G41 D02 X－44.5 Y－60	建立刀具半径左补偿,D02=8
N100 F100	
N110 M98 P0022	调用子程序铣侧面
N120 G00 G40 X－29 Y－90	取消刀具半径补偿
N130 S800 M03	主轴正转转速为800r/min(粗铣椭圆)
N140 G00 X－29 Y－90 Z10	快速移动点定位
Z－5.8	快速移动下降至Z－5.8mm
N150 G00 G41 D03 X－29 Y－60	建立刀具半径左补偿,D03=30
N160 G01 Y0 F160	直线插补铣削
N170 G65 P0222	调用子程序铣椭圆
N180 G00 Z10	快速抬刀
G40 X－29 Y－90	取消刀具半径左补偿
Z－5.8	快速下降至Z－5.8mm

续表

加工程序(参考程序)	程序注释
N190 G00 G41 D04 X−29 Y−60	建立刀具半径左补偿,D04=15
N200 G01 Y0 F160	直线插补铣削
N210 G65 P0222	调用子程序铣椭圆
N220 G00 Z10	快速抬刀
G40 X−29 Y−90	取消刀具半径左补偿
Z−5.8	直线插补下降至 Z−5.8mm
N230 G00 G41 D01 X−29 Y−60	建立刀具半径左补偿,D01=8.2
N240 G01 Y0 F160	直线插补铣削
N250 G65 P0222	调用子程序铣椭圆
N260 G00 Z10	快速抬刀
G40 X−29 Y−90	取消刀具半径补偿
Z−6	直线插补下降至 Z−6mm
N270 S1000 M03	主轴正转转速为1000r/min(粗铣椭圆)
N280 G00 G41 D03 X−29 Y−60	建立刀具半径补偿 D03=30
N290 G01 Y0 F120	直线插补铣削
N300 G65 P0222	调用子程序铣椭圆
N310 G00 Z10	快速抬刀
G40 X−29 Y−90	取消刀具半径左补偿
Z−6	直线插补下降至 Z−6mm
N320 G00 G41 D04 X−29 Y−60	建立刀具半径补偿 D04=15
N330 G01 Y0 F120	直线插补铣削
N340 G65 P0222	调用子程序铣椭圆
N350 G00 Z10	快速抬刀
G40 X−29 Y−90	取消刀具半径左补偿
Z−6	直线插补下降至 Z−6mm
N360 G00 G41 D02 X−29 Y−60	建立刀具半径补偿,D02=8
N370 G01 Y0 F120	直线插补铣削
N380 G65 P0222	调用子程序铣椭圆
N390 G00 Z100	快速抬刀
G40 X0 Y0	取消刀具半径左补偿
N400 M05	主轴停转
N410 M30	程序结束,返回
O0022	子程序(铣侧面)
N10 G01 X−44.5 Y−44.5	直线插补铣削
Y−12	直线插补铣削
N20 G03 Y12 R−12	逆时针圆弧插补铣 R12 圆弧
N30 G01 Y44.5 ,R10	直线插补倒 R10 圆角
X−12	直线插补铣削
N40 G03 X12 R−12	逆时针圆弧插补铣 R12 圆弧
N50 G01 X44.5 ,C10	直线插补倒直角 C10
Y12	直线插补铣削
N60 G03 Y−12 R−12	逆时针圆弧插补铣 R12 圆弧
N70 G01 Y−44.5 ,R10	直线插补倒圆角 R10
X12	直线插补铣削
N80 G03 X−12 R−12	逆时针圆弧插补铣 R12 圆弧
N90 G01 X−34.5	直线插补铣削
X−60 Y−19	直线插补铣削
N100 G00 Z10	刀具退到离工件表面 10mm 处
N110 M99	子程序结束,返回主程序
O0222	子程序(椭圆)
N10 #1=180	1号变量初始值为180°
N20 WHILE [#1 GE −180] D01	1号变量大于等于−180°,执行循环
N30 #2=29∗COS[#1]	2号变量
#3=21∗SIN[#1]	3号变量
N40 G01 X[#2] Y[#3]	直线插补铣削
N50 #1=#1−0.5	1号变量每次减少 0.5°
N60 END1	宏程序结束
N70 G01 Y5	直线插补铣削
N80 M99	子程序结束
O0003	主程序名(钻 4×φ8 孔)

续表

加工程序(参考程序)	程 序 注 释
N10 G56 G15 G80 S1200 M03 T03	设定工件坐标系,主轴正转转速为1200r/min
N20 G00 X0 Y0 Z10	快速移动点定位
N30 G16	建立极坐标
N40 G99 G81 X38 Y45 Z−32 R5 F120	钻孔循环
Y135	钻孔循环
Y225	钻孔循环
N50 G98 Y315	钻孔循环结束,返回到初始平面
N60 G15	取消极坐标
N70 G00 X0 Y0	快速返回工件X,Y原点
N80 G00 Z100	快速抬刀
N80 M05	主轴停转
N90 M30	程序结束,返回
O0004	主程序名(ϕ10键槽铣刀铣4×ϕ15沉孔)
N10 G57 G69 S1200 M03 T04	设定工件坐标系,主轴正转转速为1200r/min
N20 G00 X0 Y0 Z10	快速移动点定位
N30 G68 X0 Y0 R45	坐标系旋转R45
N40 M98 P0044	调用子程序铣沉孔
N50 G69	取消坐标系统旋转
N60 G68 X0 Y0 R135	坐标系旋转R135
N70 M98 P0044	调用子程序铣沉孔
N80 G69	取消坐标系统旋转
N90 G68 X0 Y0 R225	坐标系旋转R225
N100 M98 P0044	调用子程序铣沉孔
N110 G69	取消坐标系统旋转
N120 G68 X0 Y0 R315	坐标系旋转R315
N130 M98 P0044	调用子程序铣沉孔
N140 G69	取消坐标系统旋转
N150 G00 Z100	
N160 M05	主轴停转
N170 M30	程序结束,返回
O0044	子程序名(铣4×ϕ15沉孔)
N10 G00 X38 Y0 Z10	直线插补铣削
N20 G01 Z−4.8 F120	直线插补下降至Z−4.8mm(粗铣)
X40.3	直线插补铣削
N20 G03 I−2.3 J0	逆时针圆弧插补铣削
N30 G01 X38 Y0	返回原点
Z−5 F100	直线插补下降至Z−5mm(精铣)
X40.5	直线插补铣削
N40 G03 I−2.5 J0	逆时针圆弧插补铣削
N50 G01 X38 Y0	返回沉孔中心
N60 G00 Z10	刀具退到离工件表面10mm处
N70 M99	子程序结束,返回主程序
O0005	主程序名(钻ϕ22孔)
N10 G57 G80 S300 M03 T05	设定工件坐标系,主轴正转转速为300r/min
N20 G00 X0 Y0 Z20	快速移动点定位
N30 G98 G73 X0 Y0 Z−35 Q4 R5 F15	钻ϕ22孔
N40 G80	取消固定循环
N50 G00 Z100	快速抬刀
N60 M05	主轴停转
N70 M30	程序结束,返回
O0006	主程序名(镗ϕ24孔)
N10 G59 G80 S200 M03 T06	设定工件坐标系,主轴正转转速为200r/min
N20 G00 X0 Y0 Z20	快速移动点定位
N30 G98 G86 X0 Y0 Z−30 R5 F20	镗ϕ24孔
N50 G00 Z100	快速抬刀
N60 M05	主轴停转
N70 M30	程序结束,返回

第四节 数控铣床操作工（中级）考核练习题四

一、零件图
零件图见图6-4。

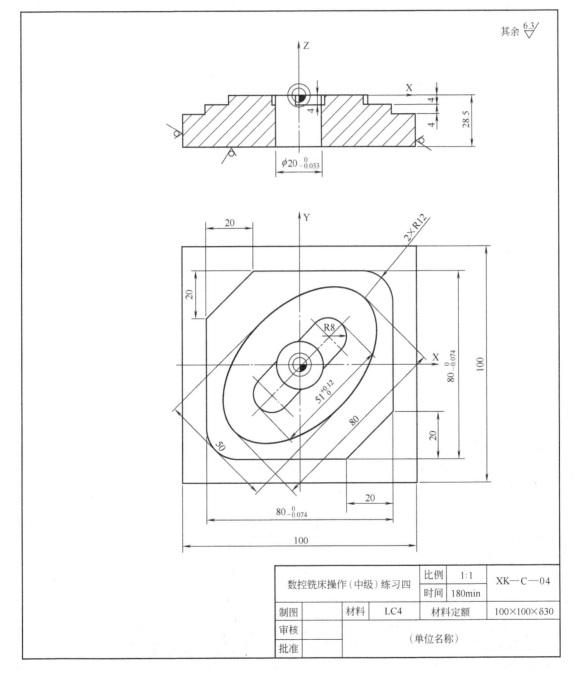

图6-4 零件图

二、加工程序

数控铣床操作工(中级)考核练习题四	刀 具 表	
	T01	φ80 面铣刀
	T02	φ16 立铣刀
	T03	φ10 键槽铣刀
	T04	φ18 钻头
	T05	镗孔刀
	切 削 用 量	
	粗加工	精加工
主轴速度 S	(800)1000r/min	(1000)1200r/min
进给量 F	160mm/min	120mm/min
切削深度 a_p	7.8mm	0.2mm

加工程序(参考程序)	程 序 注 释
O0001	主程序名(φ80 面铣刀铣平面)
N10 G54 S600 M03 T01	设定工件坐标系,主轴正转速为600r/min
N20 G00 X−100 Y−15 Z10	快速点定位
Z0.2	进刀
N30 G01 X100 F120	直线插补粗铣平面
N40 G00 Y60	快速移动点定位
N50 G01 X−100 F120	直线插补粗铣平面
N60 G00 Z5	抬刀
X−100 Y−15	快速移动点定位
Z0	
N70 S800 M03	精铣主轴正转速为800r/min
N80 G01 X100 F80	直线插补精铣平面
N90 G00 Y60	快速移动点定位
N100 G01 X−100 F80	直线插补精铣平面
N110 G00 Z100	快速移动抬刀
X0 Y0	返回工件 X、Y 原点
N120 M05	主轴停止
N130 M30	程序结束,返回程序头
O0002	主程序(φ16 立铣刀铣侧面、椭圆)
N10 G55 G69 G40 S800 M03 T02	设定工件坐标系,主轴正转速为800r/min
N20 G00 X−40 Y−75 Z10	快速移动点定位
Z−7.8	快速下降到 Z−7.8mm(粗铣侧面)
N30 G00 G41 D01 X−40 Y−60	建立刀具半径左补偿,D01=23
N40 G01 Y−40 F160	直线插补铣削
N50 M98 P0022	调用子程序铣削侧面
N60 G00 Z−7.8	快速下降下降至 Z−7.8mm
N70 G00 G41 D02 X−40 Y−60	建立刀具半径左补偿,D02=8.2
N80 G01 Y−40 F160	直线插补铣削
N90 M98 P0022	调用子程序铣侧面
N100 G00 Z−8	快速下降至 Z−8mm
N110 S1000 M03	主轴正转速为800r/min(精铣侧面)
N120 G00 G41 D01 X−40 Y−60	建立刀具半径左补偿,D01=23
N130 G01 Y−40 F120	直线插补铣削
N140 M98 P0022	调用子程序铣侧面

续表

加工程序(参考程序)	程序注释
N150 G00 Z-8	快速下降下降至Z-8mm
N160 G00 G41 D03 X-40 Y-60	建立刀具半径左补偿,D03=7.98
N170 G01 Y-40 F120	直线插补铣削
N180 M98 P0022	调用子程序铣侧面
N190 S800 M03	主轴正转转速为800r/min
N200 G68 X0 Y0 R45	坐标旋转R45
N210 G00 X-40 Y-70 Z10	快速移动点定位
Z-3.8	快速下降至Z-3.8mm(粗铣椭圆)
N220 G00 G41 D04 X-40 Y-50	取消刀具半径补偿,D04=16
N230 G01 Y0 F160	直线插铣削
N240 G65 P0033	调用子程序铣椭圆
N250 G00 G40 X-40 Y-70	取消刀具半径补偿
Z-3.8	直线插补至Z-3.8mm
N260 G00 G41 D02 X-40 Y-50	建立刀具半径左补偿,D02=8.2
N270 G01 Y0 F160	直线插铣削
N280 G65 P0033	调用子程序铣椭圆
N290 S1000 M03	主轴正转转速为1200r/min
N300 G00 G40 X-40 Y-70	取消刀具半径左补偿
Z-4	直线插补至Z-4mm
N310 G00 G41 D04 X-40 Y-50	建立刀具半径补偿(精铣椭圆),D04=16
N320 G01 Y0 F120	直线插铣削
N330 G65 P0033	调用子程序铣侧面
N340 G00 G40 X-40 Y-70	取消刀具半径左补偿
Z-4	直线插补下降至Z-4mm
N350 G00 G41 D03 X-40 Y-50	建立刀具半径补偿,D03=7.98
N360 G01 Y0 F120	直线插铣削
N370 G65 P0033	调用子程序铣侧面
N380 G69	取消坐标系统旋转
N390 G00 G40 X-100 Y-50	取消刀具半径左补偿
Z100	抬刀
N400 M05	主轴停转
N410 M30	程序结束,返回
O0022	子程序(铣侧面)
N10 G01 X-40 Y40,C20	直线插补铣削,形成直角C20
X40,R12	直线插补铣削,形成圆角R12
Y-40,C20	直线插补铣削,形成直角C20
X-40,R12	直线插补铣削,形成圆角R12
Y-28	直线插补铣削
N20 G00 Z10	快速抬刀
G40 X-40 Y-75	取消刀具半径左补偿
N30 M99	子程序结束,返回主程序
O0033	子程序(铣椭圆)
N10 #1=180	1号变量设置为180°
N20 WHILE[#1 GE -180] D01	1号变量大于等于-180°,执行循环
N30 #2=40*COS[#1]	2号变量

续表

加工程序(参考程序)	程序注释
♯3=25*SIN[♯1]	3号变量
N40 G01 X[♯2] Y[♯3]	直线插补铣削
N50 ♯1=♯1-0.5	1号变量每次减少0.5°
N60 END1	宏程序结束
N70 G01 Y5	直线插补铣削
N80 G00 Z10	抬刀
N90 M99	子程序结束,返回主程序
O0003	主程序名(钻φ18孔)
N10 G57 G80 S300 M03 T04	设定工件坐标系,主轴正转转速为300r/min
N20 G00 X0 Y0 Z20	快速移动点定位
N30 G98 G73 X0 Y0 Z-35 Q4 R5 F30	钻φ18孔
N40 G80	取消固定循环
N50 G00 Z100	快速抬刀
N60 M05	主轴停转
N70 M30	程序结束,返回
O0004	主程序名(镗孔)
N10 G58 G80 S200 M03 T05	设定工件坐标系,主轴正转转速为200r/min
N20 G00 X0 Y0 Z20	快速移动点定位
N30 G98 G86 X0 Y0 Z-30 R5 F20	镗φ20孔
N40 G80	取消固定循环
N50 G00 Z100	快速抬刀
N50 M05	主轴停转
N60 M30	程序结束,返回
O0005	主程序名(φ10键槽铣刀铣键槽)
N10 G56 G40 G69 S1000 M03 T03	设定工件坐标系,主轴正转转速为1000r/min
N20 G00 X0 Y0 Z10	快速移动点定位
N30 G68 X0 Y0 R45	坐标系旋转R45
N40 G00 X15 Y8	直线插补铣削
N50 G00 G41 D05 X0 Y8	建立刀具半径左补偿(粗铣),D05=5.2
N60 G01 Z-3.8 F160	直线插补下降至Z-3.8mm
N70 M98 P0055	调用子程序铣键槽
N80 S1200 M03	主轴正转转速为1200r/min
N90 G00 G41 D06 X0 Y8	建立刀具半径左补偿(精铣),D06=5.03
N100 G01 Z-4 F120	直线插补下降至Z-4mm
N110 M98 P0055	调用子程序铣键槽
N120 G69	取消坐标系统旋转
N130 G00 X0 Y0 Z100	快速抬刀
N140 M05	主轴停转
N150 M30	程序结束,返回
O0055	子程序(铣键槽)
N10 G01 X-17.5 Y8	直线插补铣削
N20 G03 Y-8 R-8	逆时针圆弧插补铣R8圆角
N30 G01 X17.5	直线插补铣削
N40 G03 Y8 R-8	逆时针圆弧插补铣R8圆角
N50 G01 X0	直线插补铣削
N60 G00 Z10	抬刀
G40 X15 Y8	取消刀具半径左补偿
N60 M99	子程序结束,返回主程序

第五节 数控铣床操作工(中级)考核练习题五

一、零件图
零件图见图 6-5。

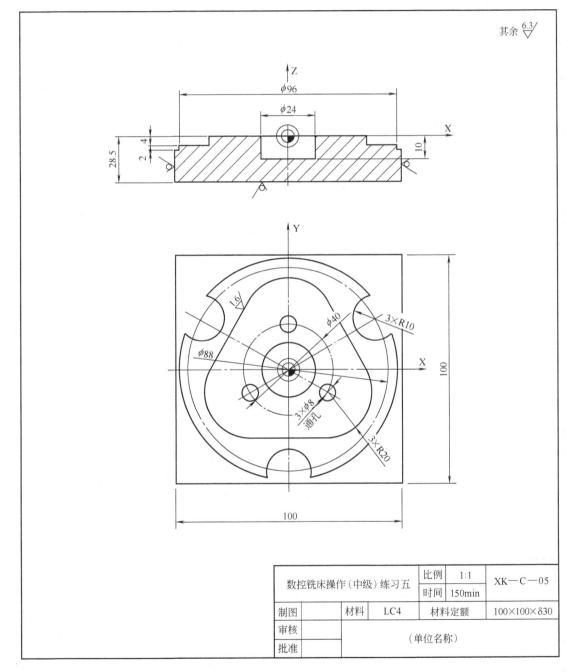

图 6-5 零件图

二、加工程序

数控铣床操作工(中级)考核练习题五	刀 具 表	
	T01	φ80 面铣刀
	T02	φ16 立铣刀
	T03	φ8 麻花钻头
	T04	φ10 键槽铣刀
	切 削 用 量	
	粗加工	精加工
主轴速度 S	(800)1000r/min	(1000)1200r/min
进给量 F	160mm/min	120mm/min
切削深度 a_p	9.8mm	0.2mm

加工程序(参考程序)	程 序 注 释
O0001	主程序名(φ80 面铣刀铣平面)
N10 G54 S600 M03 T01	设定工件坐标系,主轴正转转速为 600r/min
N20 G00 X−100 Y−15 Z10	快速点定位
Z0.2	进刀
N30 G01 X100 F120	直线插补粗铣平面
N40 G00 Y60	快速移动点定位
N50 G01 X−100 F120	直线插补粗铣平面
N60 G00 Z5	抬刀
X−100 Y−15	快速移动点定位
Z0	
N70 S800 M03	精铣主轴正转转速为 800r/min
N80 G01 X100 F80	直线插补精铣平面
N90 G00 Y60	快速移动点定位
N100 G01 X−100 F80	直线插补精铣平面
N110 G00 Z100	快速移动抬刀
X0 Y0	返回工件 X、Y 原点
N120 M05	主轴停止
N130 M30	程序结束,返回程序头
O0002	主程序名(φ16 立铣刀铣圆和圆弧、铣三角形)
N10 G55 G40 S800 M03 T02	设定工件坐标系,主轴正转转速为 800r/min
N20 G00 X−48 Y−80 Z10	快速移动点定位
Z−5.8	快速移动下降至 Z−5.8mm
N30 G00 G41 D01 X−48 Y−60	建立刀具半径的左补偿,D01=18
N40 G01 Y0 F160	直线插补铣削
G02 I48 J0	顺时针圆弧插补铣削(粗铣圆)
N50 G00 Z10	抬刀
N60 G00 G40 X−48 Y−80	取消刀具半径补偿
Z−5.8	快速移动下降至 Z−5.8mm
N70 G00 G41 D02 X−48 Y−60	建立刀具半径的左补偿,D02=8.2
N80 F160	
N90 M98 P0022	调用子程序铣圆及凹圆弧(粗铣圆弧)

续表

加工程序(参考程序)	程序注释
N100 G00 G40 X−48 Y−80	取消刀具半径补偿
N110 S1000 M03	主轴正转转速为1000r/min
Z−6	快速移动下降至Z−6mm
N120 G00 G41 D01 X−48 Y−60	建立刀具半径的左补偿,D01=18
N130 G01 Y0 F120	直线插补铣削
G02 I48 J0	顺时针圆弧插补铣削(精铣圆)
N140 G00 Z10	快速抬刀
N150 G00 G40 X−48 Y−80	快速移动点定位
Z−6	快速移动下降至Z−6mm
N160 G00 G41 D03 X−48 Y−60	建立刀具半径的左补偿,D03=8
N170 F120	
N180 M98 P0022	调用子程序铣圆及凹圆弧(精铣圆弧)
N190 G00 X70 X−30	快速移动点定位
Z−3.8	快速移动下降至Z−3.8mm
N200 S800 M03	主轴正转转速为800r/min
N210 G00 G41 D04 X58 Y−30	建立刀具半径左补偿,D04=12
N220 F160	
N230 M98 P0033	调用子程序粗铣三角形
N240 G00 G40 X70 Y−30	取消刀具半径补偿
Z−3.8	快速移动下降至Z−3.8mm
N250 G00 G41 D02 X58 Y−30	建立刀具半径左补偿,D02=8.2
N260 F160	
N270 M98 P0033	调用子程序粗铣三角形
N280 G00 G40 X70 Y−30	取消刀具半径补偿
Z−4	快速移动下降至Z−4mm
N290 S1000 M03	主轴正转转速为1200r/min(精铣三角形)
N300 G00 G41 D04 X58 Y−30	建立刀具半径的左补偿,D04=12
N310 F120	
N320 M98 P0033	调用子程序精铣三角形
N330 G00 G40 X70 Y−30	取消刀具半径补偿
Z−4	快速移动下降至Z−4mm
N340 G00 G41 D03 X58 Y−30	建立刀具半径的左补偿,D03=8
N350 F120	
N360 M98 P0033	调用子程序精铣三角形
N370 G00 G40 X−100 Y−50	取消刀具半径补偿
Z100	抬刀
N380 M05	主轴停转
N390 M30	程序结束,返回
O0022	子程序(铣R10圆弧)
N10 G01 X−48 Y0	直线插补铣削
N20 G02 X−45.505 Y15.274 R48	顺时针圆弧插补铣削
N30 G03 X−35.980 Y31.772 R−10	逆时针圆弧插补铣削
N40 G02 X35.980 Y31.772 R48	顺时针圆弧插补铣削

续表

加工程序(参考程序)	程 序 注 释
N50 G03 X45.505 Y15.274 R-10	逆时针圆弧插补铣削
N60 G02 X9.525 Y-47.046 R48	顺时针圆弧插补铣削
N70 G03 X-9.525 Y-47.046 R-10	逆时针圆弧插补铣削
N80 G02 X-48 Y0 R48	顺时针圆弧插补铣削
N90 G00 Z10	抬刀
N100 M99	子程序结束,返回主程序
O0033	子程序(铣三角形)
N10 G01 X17.321 Y-30	直线插补铣削
X-17.321 Y-30	直线插补铣削
N20 G02 X-34.641 Y0 R20	顺时针圆弧插补
N30 G01 X-17.321 Y30	直线插补铣削
N40 G02 X17.321 Y30 R20	顺时针圆弧插补
N50 G01 X34.641 Y0	直线插补铣削
N60 G02 X17.321 Y-30 R20	顺时针圆弧插补
N70 G01 X15	直线插补铣削
N80 G00 Z10	抬刀
N90 M99	子程序结束,返回主程序
O0003	主程序名(φ10键槽铣刀铣沉孔)
N10 G57 S1000 M03 T04	设定工件坐标系,主轴正转转速为1000r/min
N20 G00 X0 Y0 Z10	快速移动点定位
N30 G01 Z-9.8 F100	直线插补下降至Z-9.8mm(粗铣)
X6.8 F160	直线插补铣削
N40 G03 I-6.8 J0	逆时针圆弧插补铣削
N50 G01 X0 Y0	返回工件X、Y原点
N60 S1200 M03	主轴正转转速为1200r/min
N70 G01 Z-10 F120	直线插补下降至Z-10mm(精铣)
X7	直线插补铣削
N80 G03 I-7 J0	逆时针圆弧插补铣削
N90 G01 X0 Y0	返回工件X、Y原点
N100 G00 Z100	抬刀
N110 M05	主轴停转
N120 M30	程序结束,返回
O0004	主程序名(钻3×φ8孔)
N10 G56 G15 S1200 M03 T03	设定工件坐标系,主轴正转转速为1200r/min
N20 G00 X0 Y0 Z20	快速移动点定位
N30 G16	建立极坐标
N40 G99 G73 X20 Y90 Z-32 R5 Q3 F100	用钻孔循环钻3×φ8通孔,R平面设为5mm
Y210	钻孔循环
G98 Y330	钻孔循环结束,返回初始平面
N50 G15	取消极坐标
N60 G00 Z100	快速抬刀
N70 M05	主轴停转
N80 M30	程序结束,返回

第六节　数控铣床操作工（中级）考核练习题六

一、零件图

零件图见图 6-6。

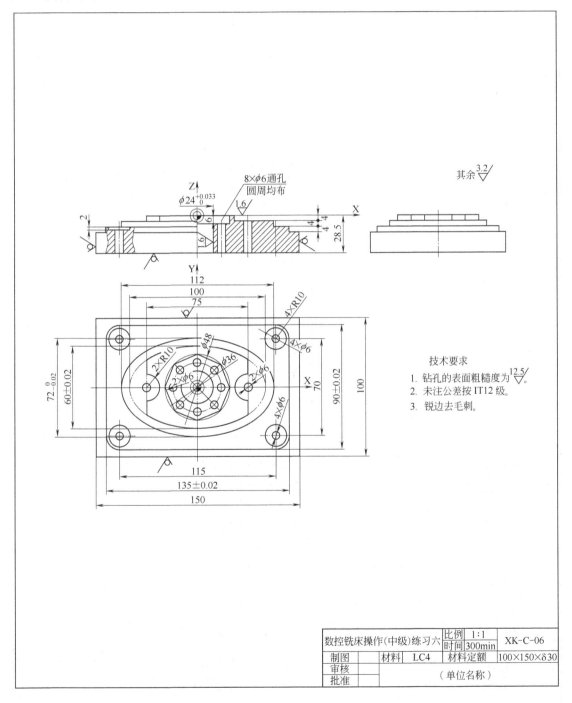

图 6-6　零件图

二、加工程序

数控铣床操作工(中级)考核练习题六		刀 具 表	
		T01	φ80 面铣刀
		T02	φ16 立铣刀
		T03	φ22 钻头
		T04	φ6 钻头
		T05	φ10 键槽铣刀
		T06	镗刀
		切 削 用 量	
		粗加工	精加工
	主轴速度 S	(600)1000r/min	(800)1200r/min
	进给量 F	200mm/min	120mm/min
	切削深度 a_p	小于 12mm	0.2mm
加工程序(参考程序)		程 序 注 释	
O0001		主程序名(φ80 面铣刀铣平面)	
N10 G54 S600 M03 T01		设定工件坐标系,主轴正转转速为 600r/min	
N20 G00 X120 Y-35 Z20		快速移动点定位	
Z0.2		快速下降至 Z0.2mm	
N30 G01 X-120 F120		X 轴直线插补进给	
N40 G00 Y35		Y 轴定位	
N50 G01 X120 F120		X 轴直线插补进给	
N60 G00 X120 Y-35 Z0		快速返回定位点	
N70 M03 S800		精铣主轴正转转速提高到 800r/min	
N80 G01 X-120 F80		X 轴直线插补进给	
N90 G00 Y35		Y 轴定位	
N100 G01 X120 F80		X 轴直线插补进给	
N110 G00 Z100		抬刀	
X120 Y-50		快速定位	
N120 M05		主轴停转	
N130 M30		程序结束,返回程序头	
O0002		主程序名(φ16 立铣刀铣工件矩形外轮廓)	
N10 G55 G40 S1000 M03 T02		设定工件坐标系,主轴正转转速为 1000r/min	
N20 G00 X-67.5 Y-70 Z20		快速移动点定位	
Z-11.8		快速下降至 Z-11.8mm	
N30 G00 G41 D01 X-67.5 Y-60		建立刀具半径左补偿(D01=8.2)	
N40 F160			
N50 M98 P0021		调用矩形外轮廓子程序进行粗铣	
N60 G00 G40 X-67.5 Y-70		快速移动点定位,取消刀具半径补偿	
N70 M03 S1200		精铣主轴正转转速提高到 1200r/min	
N80 G00 Z-12		快速下降至 Z-12mm	
N90 G00 G41 D02 X-67.5 Y-60		建立刀具半径左补偿进行精铣(D02=8)	
N100 F120			
N110 M98 P0021		调用矩形外轮廓子程序	
N120 G00 G40 X-120 Y-50		快速移动点定位,取消刀具半径补偿	
Z100			

续表

加工程序(参考程序)	程 序 注 释
N130 M05	主轴停转
N140 M30	程序结束,返回程序头
O0021	子程序名(φ16立铣刀铣矩形外轮廓)
N10 G01 Y45,R10	直线插补切削,形成倒圆角R10
X67.5,R10	直线插补切削,形成倒圆角R10
Y−45,R10	直线插补切削,形成倒圆角R10
X−67.5,R10	直线插补切削,形成倒圆角R10
Y−35	
N20 G00 Z20	Z轴抬刀
N30 M99	子程序结束,返回到主程序
O0003	主程序名(φ16立铣刀铣椭圆外轮廓)
N10 G55 G40 S1000 M03 T02	设定工件坐标系,主轴正转转速为1000r/min
N20 G00 X−56 Y−85 Z20	快速移动点定位
Z−7.8	快速下降至Z−7.8mm
N30 G00 G41 D03 X−56 Y−60	建立刀具半径左补偿进行粗铣(D03=22)
N40 G01 Y0 F160	直线插补切削
N50 G65 P0031	调用椭圆外轮廓子程序
N60 G00 G40 X−56 Y−85	取消刀具半径补偿并快速移动到定位点
Z−7.8	快速下降至Z−7.8mm
N70 G00 G41 D01 X−56 Y−60	建立刀具半径左补偿进行粗铣(D01=8.2)
N80 G01 Y0 F160	直线插补切削
N90 G65 P0031	调用椭圆外轮廓子程序
N100 G00 G40 X−56 Y−85	取消刀具半径补偿并快速移动到定位点
Z−8	快速下降至Z−8mm
N110 G00 G41 D03 X−56 Y−60	建立刀具半径左补偿进行精铣(D03=22)
N120 S1200 M03	主轴正转转速为1200r/min
N130 G01 Y0 F120	直线插补切削
N140 G65 P0031	调用椭圆外轮廓子程序
N150 G00 G40 X−56 Y−85	取消刀具半径补偿并快速移动到定位点
Z−8	快速下降至Z−8mm
N160 G00 G41 D02 X−56 Y−60	建立刀具半径左补偿进行精铣(D02=8)
N170 G01 Y0 F120	直线插补切削
N180 G65 P0031	调用椭圆外轮廓子程序
N190 G00 G40 X−56 Y−85	取消刀具半径补偿并快速移动到定位点
Z−3.8	快速下降至Z−3.8mm
N200 S1000 M03	主轴正转转速为1000r/min
N210 G00 G41 D05 X−56 Y−60	建立刀具半径左补偿进行粗铣(D05=2.2)
N220 G01 Y0 F160	直线插补切削
N230 G65 P0031	调用椭圆外轮廓子程序
N240 G00 G40 X−37.5 Y−70	取消刀具半径补偿并快速移动到定位点
Z−3.8	快速下降至Z−3.8mm
N250 G00 G41 D01 X−37.5 Y−60	建立刀具半径左补偿进行粗铣(D01=8.2)
N260 F160	
N270 M98 P0032	调用椭圆外轮廓内耳子程序
N280 G00 G40 X−56 Y−70	取消刀具半径补偿并快速移动到定位点
Z−4	快速下降至Z−4mm
N290 S1200 M03	主轴正转转速为1200r/min
N300 G00 G41 D04 X−56 Y−60	建立刀具半径左补偿进行精铣(D04=2)
N310 G01 Y0 F120	直线插补切削

续表

加工程序(参考程序)	程 序 注 释
N320 G65 P0031	调用椭圆外轮廓子程序
N330 G00 G40 X−37.5 Y−70	取消刀具半径补偿并快速移动到定位点
Z−4	快速下降至Z−4mm
N340 G00 G41 D02 X−37.5 Y−60	建立刀具半径左补偿进行精铣(D02=8)
N350 F120	
N360 M98 P0032	调用椭圆外轮廓内耳子程序
N370 G00 G40 X120 Y−50	取消刀具半径补偿并快速移动到定位点
Z100	
N380 M05	主轴停转
N390 M30	程序结束,返回程序头
O0031	子程序名(φ16立铣刀铣椭圆外轮廓)
N10 #1=180	设置变量#1
N20 WHILE [#1 GE -180] DO1	#1变量大于等于−180°时执行循环
N30 #2=56*COS[#1]	设置变量#2
#3=36*SIN[#1]	设置变量#3
N40 G01 X[#2] Y[#3]	直线插补切削
N50 #1=#1-0.5	每次切削变量递减0.5°
N60 END1	循环结束
N70 G00 Z20	Z轴抬刀
N80 M99	子程序结束,返回到主程序
O0032	子程序名(φ16立铣刀铣外轮廓内耳)
N10 G01 X−37.5 Y−10	直线插补切削
N20 G03 X−37.5 Y10 R−10	逆时针圆弧插补顺铣圆弧R10
N30 G01 Y60	直线插补切削
X37.5	
Y10	直线插补切削
N40 G03 X37.5 Y−10 R−10	逆时针圆弧插补顺铣圆弧R10
N50 G01 Y−60	直线插补切削
N60 G00 Z20	Z轴抬刀
N70 M99	子程序结束,返回到主程序
O0004	主程序名(钻φ22通孔)
N10 G56 S300 M03 T03	设定工件坐标系,主轴正转转速为300r/min
N20 G00 X0 Y0 Z20	快速移动点定位
N30 G98 G73 X0 Y0 Z−35 Q4 R5 F20	用G73钻孔循环钻φ22通孔,R平面设为5mm
N40 G80	取消钻孔循环
N50 G00 Z100	Z轴抬刀
N60 M05	主轴停转
N70 M30	程序结束,返回程序头
O0005	主程序名(钻6×φ6通孔)
N10 G58 S1200 M03 T04	设定工件坐标系,主轴正转转速为1000r/min
N20 G00 X0 Y0 Z20	快速移动点定位
N30 G99 G73 X57.5 Y45 Z−32 R5 Q3 F120	用钻孔循环钻6×φ6通孔,R平面设为5mm
X−57.5 Y45	钻孔循环
X−37.5 Y0	钻孔循环
X−57.5 Y−45	钻孔循环
X−57.5 Y45	钻孔循环
X37.5 Y0	钻孔循环
N40 G00 Z100	Z轴抬刀
X0 Y0	快速移动到定位点

续表

加工程序(参考程序)	程序注释
N50 M05	主轴停转
N60 M30	程序结束,返回程序头
O0006	主程序名(ϕ10 键槽铣刀铣八边形沉孔)
N10 G58 G40 S1000 M03 T05	设定工件坐标系,主轴正转转速为 1000r/min
N20 G00 X0 Y0 Z10	快速移动点定位
N30 G01 Z-5.8 F160	直线插补至 Z-5.8mm
X15	直线插补切削
N40 G03 I-15 J0	逆时针圆弧插补顺铣圆弧 R15
N50 G01 X0 Y0	移动到工件零点
N60 G00 Z20	Z 轴轴向抬刀
X24 Y0	
N70 G00 G41 D06 X20.485 Y8.485	建立刀具半径左补偿进行精粗铣(D06=5.2)
N80 G01 Z-5.8 F100	下降至 Z-5.8mm
N90 M98 P0061	调用八边形子程序
N100 G00 G40 X0 Y0	取消刀具半径补偿并快速移动到定位点
N110 S1200 M03	主轴正转转速为 1200r/min
N120 G01 Z-6 F120	直线插补下降至 Z-6mm
X15	直线插补切削
N130 G03 I-15 J0	逆时针圆弧插补顺铣圆弧 R15
N140 G01 X0 Y0	移动到工件零点
N150 G00 Z20	Z 轴抬刀
X24 Y0	
N160 G00 G41 D07 X20.485 Y8.485	建立刀具半径左补偿进行精铣(D07=5)
N170 G01 Z-6 F120	下降至 Z-6mm
N180 M98 P0061	调用八边形子程序
N190 G00 G40 X0 Y0	取消刀具半径补偿并快速移动到定位点
Z100	
N200 M05	主轴停转
N210 M30	程序结束,返回程序头
O0061	子程序名(ϕ10 键槽铣刀铣八边形)
N10 G01 X16.971 Y16.971,R6	直线插补切削,形成倒圆角 R6
X0 Y24,R6	直线插补切削,形成倒圆角 R6
X-16.971 Y16.971,R6	直线插补切削,形成倒圆角 R6
X-24 Y0,R6	直线插补切削,形成倒圆角 R6
X-16.971 Y-16.971,R6	直线插补切削,形成倒圆角 R6
X0 Y-24,R6	直线插补切削,形成倒圆角 R6
X16.971 Y-16.971,R6	直线插补切削,形成倒圆角 R6
X24 Y0,R6	直线插补切削,形成倒圆角 R6
X20.485 Y8.485	直线插补切削
N20 G00 Z10	
N30 M99	子程序结束,返回到主程序
O0007	主程序名(ϕ10 键槽铣刀铣 4×ϕ16 沉孔)
N10 G58 S1000 M03 T05	设定工件坐标系,主轴正转转速为 1000r/min
N20 G00 X0 Y0 Z10	快速移动点定位
N30 G52 X57.5 Y45	建立局部坐标系
N40 M98 P0071	调用沉孔子程序
N50 G52 X0 Y0	取消局部坐标系
N60 G52 X-57.5 Y45	建立局部坐标系
N70 M98 P0071	调用沉孔子程序

续表

加工程序(参考程序)	程 序 注 释
N80 G52 X0 Y0	取消局部坐标系
N90 G52 X-57.5 Y-45	建立局部坐标系
N100 M98 P0071	调用沉孔子程序
N110 G52 X0 Y0	取消局部坐标系
N120 G52 X57.5 Y-45	建立局部坐标系
N130 M98 P0071	调用沉孔子程序
N140 G52 X0 Y0	取消局部坐标系
N150 G00 X0 Y0 Z100	快速移动点定位
N160 M05	主轴停转
N170 M30	程序结束,返回程序头
O0071	子程序名(铣4×φ16沉孔)
N10 G00 X0 Y0 Z10	快速移动点定位
N20 G01 Z-9.8 F100	下降至Z-9.8mm
X2.8	直线插补切削
N30 G03 I-2.8 J0	逆时针圆弧插补顺铣圆
N40 G01 X0 Y0	回圆心
Z-10 F100	下降至Z-10mm
X3	直线插补切削
N50 G03 I-3 J0	逆时针圆弧插补顺铣圆
N60 G01 X0 Y0	回圆心
N70 G00 Z10	Z轴抬刀
N80 M99	子程序结束,返回到主程序
O0008	主程序名(钻8×φ6通孔)
N10 G57 G15 G90 S1200 M03 T04	设定工件坐标系,主轴正转转速为1200r/min
N20 G00 X0 Y0 Z20	快速移动点定位
N30 G16	建立极坐标
N40 G99 G73 X18 Y0 Z-32 R5 Q3 F120	用钻孔循环钻8×φ6通孔,R平面设为5mm
Y45	钻孔循环
Y90	钻孔循环
Y135	钻孔循环
Y180	钻孔循环
Y225	钻孔循环
Y270	钻孔循环
Y315	钻孔循环
N50 G80 G15	取消钻孔循环和极坐标
N60 G00 Z100	Z轴抬刀
N70 M05	主轴停转
N80 M30	程序结束,返回程序头
O0009	主程序名(镗φ24通孔)
N10 G59 S200 M03 T06	设定工件坐标系,主轴正转转速为200r/min
N20 G00 X0 Y0 Z20	快速移动点定位
N30 G86 X0 Y0 Z-30 R5 F20	镗孔循环镗φ24通孔,R平面设为5mm
N40 G80	取消镗孔循环
N50 G00 Z100	Z轴抬刀
N60 M05	主轴停转
N70 M30	程序结束,返回程序头

第七节 数控铣床操作工(中级)考核练习题七

一、零件图

零件图见图 6-7。

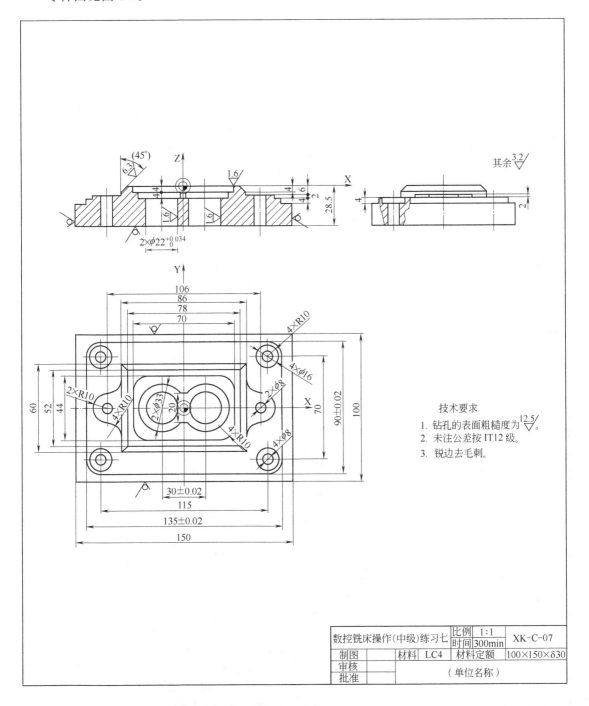

图 6-7 零件图

二、加工程序

数控铣床操作工(中级)考核练习题七	刀 具 表	
	T01	φ80 面铣刀
	T02	φ16 立铣刀
	T03	φ20 钻头
	T04	φ8 钻头
	T05	φ10 键槽铣刀
	T06	镗刀
	粗加工	精加工
主轴速度 S	(600)1000r/min	(800)1200r/min
进给量 F	160mm/min	120mm/min
切削深度 a_p	12mm	0.2mm
加工程序(参考程序)	程 序 注 释	
O0001	主程序名(φ80 面铣刀铣平面)	
N10 G54 S600 M03 T01	设定工件坐标系,主轴正转转速为 600r/min	
N20 G00 X120 Y-35 Z20	快速移动点定位	
Z0.2	快速下降至 Z0.2mm	
N30 G01 X-120 F120	X 轴直线插补进给	
N40 G00 Y35	Y 轴定位	
N50 G01 X120 F120	X 轴直线插补进给	
N60 G00 X120 Y-35 Z0	快速返回定位点	
N70 M03 S800	精铣主轴正转转速提高到 800r/min	
N80 G01 X-120 F80	X 轴直线插补进给	
N90 G00 Y35	Y 轴定位	
N100 G01 X120 F80	X 轴直线插补进给	
N110 G00 Z100	抬刀	
X120 Y-50	快速定位	
N120 M05	主轴停转	
N130 M30	程序结束,返回程序头	
O0002	主程序名(φ16 立铣刀铣工件矩形外轮廓)	
N10 G55 G40 S1000 M03 T02	设定工件坐标系,主轴正转转速为 1000r/min	
N20 G00 X-67.5 Y-70 Z20	快速移动点定位	
Z-11.8	快速下降至 Z-11.8mm	
N30 G00 G41 D01 X-67.5 Y-60	建立刀具半径左补偿(D01=8.2)	
N40 F160		
N50 M98 P0021	调用矩形外轮廓子程序进行粗铣	
N60 G00 G40 X-67.5 Y-70	快速移动点定位,取消刀具半径补偿	
N70 M03 S1200	精铣主轴正转转速提高到 1200r/min	
N80 G00 Z-12	快速下降至 Z-12mm	
N90 G00 G41 D02 X-67.5 Y-60	建立刀具半径左补偿进行精铣(D02=8)	
N100 F120		
N110 M98 P0021	调用矩形外轮廓子程序	
N120 G00 G40 X-120 Y-50	快速移动点定位,取消刀具半径补偿	
Z100		
N130 M05	主轴停转	
N140 M30	程序结束,返回程序头	
O0021	子程序名(φ16 立铣刀铣矩形外轮廓)	
N10 G01 Y45 R10	直线插补切削,形成倒圆角 R10	

续表

加工程序(参考程序)	程 序 注 释
X67.5,R10	直线插补切削,形成倒圆角 R10
Y-45,R10	直线插补切削,形成倒圆角 R10
X-67.5,R10	直线插补切削,形成倒圆角 R10
Y-35	
N20 G00 Z20	Z轴抬刀
N30 M99	子程序结束,返回到主程序
O0003	主程序名(φ16立铣刀铣圆耳矩形外轮廓)
N10 G55 G90 G40 S1000 M03 T02	设定工件坐标系,主轴正转转速为1000r/min
N20 G00 X-60 Y-70 Z20	快速移动点定位
Z-7.8	快速下降至 Z-7.8mm
N30 F160	
N40 M98 P0031	调用去四角余量子程序
N50 G00 X-43 Y-70 Z20	快速移动点定位
Z-7.8	快速下降至 Z-7.8mm
N60 G00 G41 D02 X-43 Y-60	建立刀具半径左补偿进行粗铣 D02=8.2
N70 F160	
N80 M98 P0032	调用圆耳矩形外轮廓子程序
N90 G00 G40 X-60 Y-70	取消刀具半径补偿并快速移动到定位点
Z-8	快速下降至 Z-8mm
N100 S1200 M03	主轴正转转速为1200r/min
N110 F120	
N120 M98 P0031	调用去四角余量子程序
N130 G00 X-43 Y-70 Z20	快速返回到定位点
Z-8	快速下降至 Z-8mm
N140 F120	
N150 G00 G41 D01 X-43 Y-60	建立刀具半径左补偿进行精铣 D01=8
N160 F120	
N170 M98 P0032	调用圆耳矩形外轮廓子程序
N180 G00 G40 X-43 Y-75	取消刀具半径补偿并快速移动到定位点
Z-5.8	快速下降至 Z-5.8mm
N190 S1000 M03	主轴正转转速为1000r/min
N200 G00 G41 D05 X-43 Y-60	建立刀具半径左补偿进行粗铣 D05=14
N210 F160	
N220 M98 P0033	调用小矩形外轮廓子程序
N230 G00 G40 X-43 Y-75	取消刀具半径补偿并快速移动到定位点
Z-5.8	快速下降至 Z-5.8mm
N240 G00 G41 D02 X-43 Y-60	建立刀具半径左补偿进行精铣 D02=8.2
N250 F160	
N260 M98 P0033	调用小矩形外轮廓子程序
N270 G00 G40 X-60 Y-75	取消刀具半径补偿并快速移动到定位点
Z-6	快速下降至 Z-6mm
N280 S1200 M03	主轴正转转速为1200r/min
N290 G00 G41 D05 X-43 Y-60	建立刀具半径左补偿进行粗铣 D05=14
N300 F120	
N310 M98 P0033	调用小矩形外轮廓子程序
N320 G00 G40 X-43 Y-75	取消刀具半径补偿并快速移动到定位点

续表

加工程序(参考程序)	程序注释
Z-6	快速下降至Z-6mm
N330 G00 G41 D01 X-43 Y-60	建立刀具半径左补偿进行精铣 D01=8
N340 F120	
N350 M98 P0033	调用小矩形外轮廓子程序
N360 G00 G40 X-120 Y-50	取消刀具半径补偿并快速移动到定位点
Z100	快速抬刀
N290 M05	主轴停转
N300 M30	程序结束,返回程序头
O0031	子序名(ϕ16立铣刀铣工件四角余量子程序)
N10 G01 Y-25	直线插补切削
X-85	直线插补切削
Y25	直线插补切削
X-60	直线插补切削
Y70	直线插补切削
X60	直线插补切削
Y25	直线插补切削
X85	直线插补切削
Y-25	直线插补切削
X60	直线插补切削
Y-50	直线插补切削
N20 G00 Z10	抬刀
N30 M99	子程序结束,返回到主程序
O0032	子程序名(ϕ16立铣刀铣工件圆耳矩形外轮廓子程序)
N10 G01 X-43 Y-20	直线插补切削
N20 G03 X-53 Y-10 R10	逆时针圆弧插补顺铣圆弧 R10
N30 G02 X-53 Y10 R-10	顺时针圆弧插补逆铣圆弧 R10
N40 G03 X-43 Y20 R10	逆时针圆弧插补顺铣圆弧 R10
N50 G01 Y30	直线插补切削
X43	直线插补切削
Y20	直线插补切削
N60 G03 X53 Y10 R10	逆时针圆弧插补顺铣圆弧 R10
N70 G02 X53 Y-10 R-10	顺时针圆弧插补逆铣圆弧 R10
N80 G03 X43 Y-20 R10	逆时针圆弧插补顺铣圆弧 R10
N90 G01 Y-30	直线插补切削
X-43	直线插补切削
N100 G00 Z10	抬刀
N110 M99	子程序结束,返回到主程序
O0033	子程序名(ϕ16立铣刀铣工件小矩形外轮廓子程序)
N10 G01 X-43 Y30	直线插补切削
X43	直线插补切削
Y-30	直线插补切削
X-44	直线插补切削
N20 G00 Z10	抬刀
N30 M99	子程序结束,返回到主程序
O0004	主程序名(钻2×ϕ20通孔)
N10 G56 G80 G90 S300 M03 T03	设定工件坐标系,主轴正转转速为300r/min

续表

加工程序(参考程序)	程　序　注　释
N20 G00 X0 Y0 Z20	快速移动点定位
N30 G73 X15 Y0 Z−35 Q4 R5 F20	用G81钻孔循环钻ϕ20通孔，R平面设为5mm
X−15 Y0	钻孔循环
N40 G00 Z100	抬刀
X0 Y0	快速返回定位点
N50 M05	主轴停转
N60 M30	程序结束，返回程序头
O0005	主程序名（钻6×ϕ8通孔）
N10 G57 G90 S1200 M03 T04	设定工件坐标系，主轴正转转速为1200r/min
N20 G00 X0 Y0 Z20	快速移动点定位
N30 G98 G73 X57.5 Y45 Z−32 R2 Q3 F120	用钻孔循环钻6×ϕ8通孔，R平面设为2mm
X−57.5 Y45	钻孔循环
X−53 Y0	钻孔循环
X−57.5 Y−45	钻孔循环
X57.5 Y−45	钻孔循环
X53 Y0	钻孔循环
N40 G00 Z100	抬刀
X0 Y0	快速移动到定位点
N50 M05	主轴停转
N60 M30	程序结束，返回程序头
O0006	主程序名（ϕ10键槽铣铣削内槽）
N10 G58 G90 S1000 M03 T05	设定工件坐标系，主轴正转转速为1000r/min
N20 G00 X0 Y0 Z20	快速移动点定位
X15	快速移动点定位
N30 G01 Z−7.8 F160	下降至Z−7.8mm
X26.3 Y0	直线插补切削
N40 G03 I−11.3 J0	逆时针圆弧插补
N50 G01 X−26.3 Y0	直线插补切削
N60 G03 I11.3 J0	逆时针圆弧插补
N70 G01 X10	直线插补切削
Y4.8	直线插补切削
X−10	直线插补切削
Y−4.8	直线插补切削
X10	直线插补切削
N80 G00 Z10	抬刀
X15 Y0	快速移动点定位
N90 S1200 M03	主轴正转转速为1200r/min
N100 G01 Z−8 F120	快速下降至Z−8mm
X25.5 Y0	直线插补切削
N110 G03 I−11.5 J0	逆时针圆弧插补
N120 G01 X−26.5 Y0	直线插补切削
N130 G03 I11.5 J0	逆时针圆弧插补
N140 G01 X10	直线插补切削
Y5	直线插补切削
X−10	直线插补切削
Y−5	直线插补切削

续表

加工程序(参考程序)	程序注释
X10	直线插补切削
N150 G00 Z10	抬刀
X35 Y－15	快速移动点定位
N160 S1000 M03	主轴正转转速为1000r/min
N170 G00 G41 D01 X35 Y－5	建立刀具半径左补偿进行粗铣 D01＝8
Y0	
N180 G01 Z－3.8 F160	直线插补下降至 Z－3.8mm
N190 M98 P0061	调用内矩形槽子程序
N200 G00 G40 X35 Y－15	取消刀具半径补偿并快速移动到定位点
N210 G00 G41 D06 X35 Y－5	建立刀具半径左补偿进行粗铣 D06＝5.2
Y0	
N220 G01 Z－3.8 F160	直线插补下降至 Z－3.8mm
N230 M98 P0061	调用内矩形槽子程序
N240 G00 G40 X35 Y－15	取消刀具半径补偿并快速移动到定位点
N250 S1200 M03	主轴正转转速为1200r/min
N260 G00 G41 D01 X35 Y－5	建立刀具半径左补偿进行精铣 D01＝8
X35 Y0	
N270 G01 Z－4 F120	直线插补下降至 Z－4mm
N280 M98 P0061	调用内矩形槽子程序
N290 G00 G40 X35 Y－15	取消刀具半径补偿并快速移动到定位点
N300 G00 G41 D07 X35 Y－5	建立刀具半径左补偿进行精铣 D07＝5
X35 Y0	
N310 G01 Z－4 F120	直线插补下降至 Z－4mm
N320 M98 P0061	调用内矩形槽子程序
N330 G00 G40 X0 Y0	取消刀具半径补偿并快速移动到定位点
Z100	抬刀
N340 M05	主轴停转
N350 M30	程序结束,返回程序头
O0061	子程序名(φ10 键槽铣刀铣内矩形槽)
N10 G01 X35 Y22,R10	直线插补切削,形成倒圆角 R10
X－35,R10	直线插补切削,形成倒圆角 R10
Y－22,R10	直线插补切削,形成倒圆角 R10
X35,R10	直线插补切削,形成倒圆角 R10
Y0	直线插补切削
N20 G00 Z10	抬刀
N30 M99	子程序结束,返回到主程序
O0007	主程序名(φ10 键槽铣刀铣 4×φ16 沉孔)
N10 G58 S1200 M03 T05	设定工件坐标系,主轴正转转速为1200r/min
N20 G52 X0 Y0	取消局部坐标系
N30 G00 X0 Y0 Z10	快速移动点定位
N40 G52 X57.5 Y45	建立局部坐标系
N50 M98 P0071	调用沉孔子程序
N60 G52 X0 Y0	取消局部坐标系
N70 G52 X－57.5 Y45	建立局部坐标系
N80 M98 P0071	调用沉孔子程序
N90 G52 X0 Y0	取消局部坐标系
N100 G52 X－57.5 Y－45	建立局部坐标系
N110 M98 P0071	调用沉孔子程序
N120 G52 X0 Y0	取消局部坐标系

续表

加工程序(参考程序)	程序注释
N130 G52 X57.5 Y－45	建立局部坐标系
N140 M98 P0071	调用沉孔子程序
N150 G52 X0 Y0	取消局部坐标系
N160 G00 X0 Y0	快速移动点定位
Z100	抬刀
N170 M05	主轴停转
N180 M30	程序结束,返回程序头
O0071	子程序名(φ10 键槽铣刀铣 4×φ16 沉孔)
N10 G00 X0 Y0 Z10	快速移动点定位
N15 G01 Z－9.8 F160	直线插补下降至 Z－9.8mm
X2.8	直线插补切削
N20 G03 I－2.8 J0	逆时针圆弧插补
N30 G01 X0 Y0	返回圆心
Z－10 F120	直线插补下降至 Z－10mm
X3	直线插补切削
N40 G03 I－3 J0	逆时针圆弧插补
N50 G01 X0 Y0	返回圆心
N60 G00 Z10	抬刀
N70 M99	子程序结束,返回到主程序
O0008	主程序名(φ10 键槽铣刀铣 C4 倒角)
N10 G58 S2000 M03 T05	设定工件坐标系,主轴正转转速为 2000r/min
N20 G00 X60 Y－31 Z20	快速移动点定位
N25 G01 Z0 F200	快速下降至 Z0mm
N30 G65 P0081	调用倒 C4 倒角宏程序
N40 G00 Z100	抬刀
N50 M05	主轴停转
N60 M30	程序结束,返回程序头
O0081	子程序名(φ10 键槽铣刀铣 C4 倒角)
N10 #1＝0	设置变量#1
N20 WHILE [#1 LE 4] DO1	#1 变量小于等于 4mm,并开始执行循环
N30 #2＝31＋#1	设置变量#2
#3＝44＋#1	设置变量#3
N40 G01 X[－#3] Z[－#1] F120	直线插补切削
Y[#2] F1000	直线插补切削
X[#3]	直线插补切削
Y[－#2]	直线插补切削
X[－#3]	直线插补切削
N50 #1＝#1＋0.02	每次切削变量增加 0.02mm
N60 END1	结束循环
N70 M99	子程序结束,返回到主程序
O0009	主程序名(镗 2×φ24 通孔)
N10 G59 G80 M03 S200 T06	设定工件坐标系,主轴正转转速为 200r/min
N20 G00 X0 Y0 Z20	快速移动点定位
N30 G98 G86 X15 Y0 Z－30 R4 F20	用 G86 镗 2×φ22 通孔,R 平面为 4mm
X－15	
N40 G80	取消镗孔循环
N50 G00 Z100	抬刀
N60 M05	主轴停转
N70 M30	程序结束,返回程序头

第八节 数控铣床操作工（中级）考核练习题八

一、零件图

零件图见图 6-8。

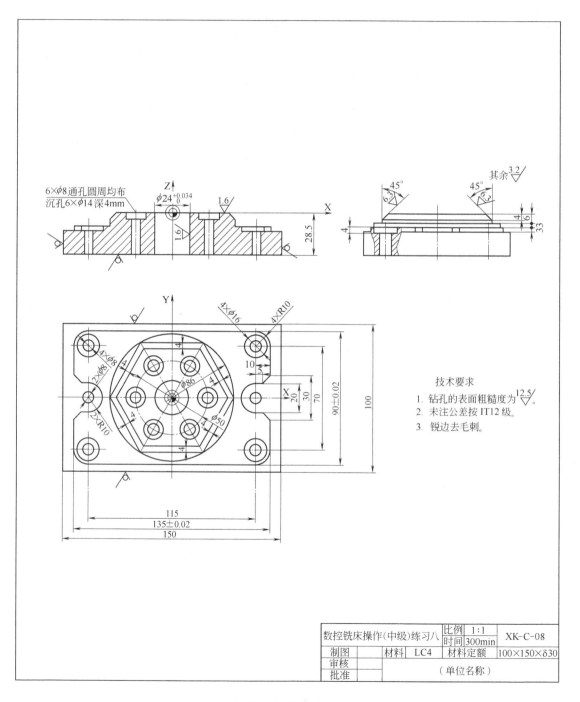

图 6-8 零件图

二、加工程序

数控铣床操作工(中级)考核练习题八	刀 具 表	
	T01	φ80 面铣刀
	T02	φ16 立铣刀
	T03	φ22 钻头
	T04	φ8 钻头
	T05	φ10 键槽铣刀
	T06	镗孔刀
	切 削 用 量	
	粗加工	精加工
主轴速度 S	(600)1000r/min	(800)1200r/min
进给量 F	160mm/min	120mm/min
切削深度 a_p	小于 12mm	0.2mm
加工程序(参考程序)	程 序 注 释	
O0001	主程序名(φ80 面铣刀铣平面)	
N10 G54 S600 M03 T01	设定工件坐标系,主轴正转转速为 600r/min	
N20 G00 X120 Y-35 Z20	快速移动点定位	
Z0.2	快速下降到 Z0.2mm	
N30 G01 X-120 F120	X轴直线插补进给	
N40 G00 Y35	Y轴定位	
N50 G01 X120 F120	X轴直线插补进给	
N60 G00 X120 Y-35 Z0	快速返回定位点	
N70 M03 S800	精铣主轴正转转速提高到 800r/min	
N80 G01 X-120 F80	X轴直线插补进给	
N90 G00 Y35	Y轴定位	
N100 G01 X120 F80	X轴直线插补进给	
N110 G00 Z100	抬刀	
X120 Y-50	快速定位	
N120 M05	主轴停转	
N130 M30	程序结束,返回程序头	
O0002	主程序名(φ16 立铣刀铣矩形外轮廓)	
N10 G55 G40 S1000 M03 T02	设定工件坐标系,主轴正转转速为 1000r/min	
N20 G00 X-67.5 Y-70 Z20	快速移动点定位	
Z-11.8	快速下降至 Z-11.8mm	
N30 G00 G41 D02 X-67.5 Y-60	建立刀具半径左补偿进行粗铣,D02=8.2	
N40 M98 P0021	调用矩形外轮廓子程序	
N50 G00 G40 X-67.5 Y-70	取消刀具半径补偿并快速移动到定位点	
N60 S1200 M03	精铣主轴正转转速提高到 1200r/min	
N70 G00 Z-12	快速下降至 Z-12mm	
N80 G00 G41 D01 X-67.5 Y-60	建立刀具半径左补偿进行精铣,D01=8	
N90 M98 P0021	调用矩形外轮廓子程序	
N100 G00 G40 X-120 Y-50	取消刀具半径补偿并快速移动	
Z100	Z轴抬刀	
N110 M05	主轴停转	
N120 M30	程序结束,返回程序头	
O0021	子程序名(φ16 立铣刀铣矩形外轮廓)	
N10 G01 X-67.5 Y-10,C5	直线插补铣削,形成倒角 C5	
X-57.5	直线插补铣削	

续表

加工程序(参考程序)	程 序 注 释
M20 G03 X−57.5 Y10 R−10	逆时针圆弧插补顺铣圆弧 R10
N30 G01 X−67.5 Y10,C5	直线插补铣削,形成倒角 C5
Y45,R10	直线插补铣削,形成倒圆角 R10
X67.5,R10	直线插补铣削,形成倒圆角 R10
Y10,C5	直线插补切铣削,形成倒角 C5
X57.5	直线插补切削
N40 G03 X57.5 Y−10 R−10	逆时针圆弧插补铣削
N50 G01 X−67.5,C5	直线插补铣削,形成倒角 C5
Y−45,R10	直线插补铣削,形成倒圆角 R10
X−67.5,R10	直线插补铣削,形成倒圆角 R10
Y−20	直线插补铣削
N60 G00 Z10	Z 轴抬刀
N70 M99	子程序结束,返回到主程序
O0003	主程序名(φ16 立铣刀铣工件 φ86 圆外轮廓)
N10 G55 G40 S1000 M03 T02	设定工件坐标系,主轴正转转速为 1000r/min
N20 G00 X95 Y−80 Z20	快速移动点定位
Z−8.8	快速下降至 Z−8.8mm
N30 G01 X0 F160	直线插补铣削
N40 G02 I0 J80	顺时针圆弧插补铣削
N50 G01 Y−65	直线插补铣削
N60 G02 I0 J65	顺时针圆弧插补铣削
N70 G01 Y−51.2	直线插补铣削
N80 G02 I0 J51.2	顺时针圆弧插补铣削
N90 G01 Y−80	直线插补铣削
Z−9 F120	直线插补下降至 Z−9mm(精铣)
N100 S1200 M03	主轴正转转速为 1000r/min
N110 G02 I0 J80	顺时针圆弧插补铣削
N120 G01 Y−65	直线插补铣削
N130 G02 I0 J65	顺时针圆弧插补铣削
N140 G01 Y−51	直线插补铣削
N150 G02 I0 J51	顺时针圆弧插补铣削
N160 G00 Z100	Z 轴抬刀
X95 Y−80	快速返回到定位点
N170 M05	主轴停转
N180 M30	程序结束,返回程序头
O0004	主程序名(φ16 立铣刀铣六边形外轮廓)
N10 G55 G90 G40 S1000 M03 T02	设定工件坐标系,主轴正转转速为 1000r/min
N20 G00 X60 Y−37.239 Z20	快速移动点定位
Z−5.8	快速下降至 Z−5.8mm
N30 G00 G41 D02 X40 Y−37.239	建立刀具半径左补偿进行粗铣,D02=8.2
N40 M98 P0041	调用六边形外轮廓子程序
N50 G00 G40 X60 Y−37.239	取消刀具半径补偿并快速移动到定位点
Z−6	快速下降至 Z−6mm
N60 G00 G41 D01 X40 Y−37.239	建立刀具半径左补偿进行精铣,D01=8
N70 M98 P0041	调用六边形外轮廓子程序
N80 G00 G40 X120 Y−50	取消刀具半径补偿

续表

加工程序(参考程序)	程序注释
Z100	
N90 M05	主轴停转
N10 M30	程序结束,返回程序头
O0041	子程序名(φ16立铣刀铣六边行外轮廓)
N10 G01 X－21.5 Y－37.239	直线插补铣削
X－43 Y0	直线插补铣削
X－21.5 Y37.239	直线插补铣削
X21.5	直线插补铣削
X43 Y0	直线插补铣削
X14.133 Y－50	直线插补铣削
N20 G00 Z10	Z轴抬刀
N30 M99	子程序结束,返回到主程序
O0005	主程序名(钻φ22通孔)
N10 G56 G80 S300 M03 T03	设定工件坐标系,主轴正转转速为300r/min
N20 G00 X0 Y0 Z20	快速移动点定位
N30 G98 G73 X0 Y0 Z－35 Q4 R5 F20	用G73钻孔循环钻φ22通孔,R平面为5mm
N40 G80	取消钻孔循环
N50 G00 Z100	Z轴轴向抬刀
N60 M05	主轴停转
N70 M30	程序结束,返回程序头
O0006	主程序名(钻12×φ8通孔)
N10 G57 G15 G90 S1200 M03 T04	设定工件坐标系,主轴正转转速为1200r/min
N20 G00 X0 Y0 Z20	快速移动点定位
N30 G99 G73 X57.5 Y45 Z－32 R5 Q3 F80	用钻孔循环钻6×φ8通孔
X－57.5	钻孔循环
Y0	钻孔循环
Y－45	钻孔循环
X57.5	钻孔循环
Y0	钻孔循环
N40 G00 X0 Y0	快速移动到定位点
N50 G16	建立极坐标
N60 G99 G73 X25 Y0 Z－32 R5 Q3 F80	用钻孔循环钻6×φ8通孔
Y60	钻孔循环
Y120	钻孔循环
Y180	钻孔循环
Y240	钻孔循环
Y300	钻孔循环
N70 G15	取消钻孔循环
N80 G00 Z100	Z轴轴向抬刀
N90 M05	主轴停转
N100 M30	程序结束,返回程序头
O0007	主程序名(铣10×φ16沉孔)
N10 G58 G69 S1200 M03 T05	设定工件坐标系,主轴正转转速为1200r/min
N20 G00 X0 Y0 Z20	快速移动点定位
N30 G52 X57.5 Y45	建立局部坐标系
N40 M98 P0071	调用沉孔子程序

141

续表

加工程序(参考程序)	程 序 注 释
N65 G52 X0 Y0	取消局部坐标系
N60 G52 X−57.5 Y45	建立局部坐标系
N70 M98 P0071	调用沉孔子程序
N80 G52 X0 Y0	取消局部坐标系
N90 G52 X−57.5 Y−45	建立局部坐标系
N100 M98 P0071	调用沉孔子程序
N110 G52 X0 Y0	取消局部坐标系
N120 G52 X57.5 Y−45	建立局部坐标系
N130 M98 P0071	调用沉孔子程序
N140 G52 X0 Y0	取消局部坐标系
N150 G00 X0 Y0 Z20	快速移动点定位
N160 M98 P0072	调用沉孔子程序
N170 G68 X0 Y0 R60	建立坐标旋转60°
N180 M98 P0072	调用沉孔子程序 O0072
N190 G69	取消坐标旋转
N200 G68 X0 Y0 R120	坐标系旋转120°
N210 M98 P0072	调用沉孔子程序
N220 G69	取消坐标旋转
N230 G68 X0 Y0 R180	坐标系旋转180°
N240 M98 P0072	调用沉孔子程序
N250 G69	取消坐标旋转
N260 G68 X0 Y0 R240	坐标系旋转240°
N270 M98 P0072	调用沉孔子程序
N280 G69	取消坐标旋转
N290 G68 X0 Y0 R300	坐标系旋转300°
N300 M98 P0072	调用沉孔子程序
N310 G69	取消坐标旋转
N320 G00 X0 Y0 Z100	快速移动点定位
N330 M05	主轴停转
N340 M30	程序结束,返回程序头
O0071	子程序名(铣4×φ14沉孔)
N10 G00 X0 Y0 Z10	快速移动点定位
N15 G01 Z−12.8 F160	快速下降至Z−12.8mm
X2.8	直线插补铣削
N20 G03 I−2.8 J0	逆时针圆弧插补
N30 G01 X0 Y0	回圆心
Z−13 F120	快速下降至Z−13mm
X3	直线插补铣削
N40 G03 I−3 J0	逆时针圆弧插补铣削
N50 G01 X0 Y0	回圆心
N60 G00 Z10	Z轴轴向抬刀
N70 M99	子程序结束,返回到主程序

续表

加工程序(参考程序)	程 序 注 释
O0072	子程序名(铣6×φ14沉孔)
N10 G00 X0 Y0 Z10	快速移动点定位
X25	直线插补切铣削
N20 G01 Z−3.8 F120	快速下降至Z−3.8mm
X26.8	直线插补铣削
N30 G03 I−1.8 J0	逆时针圆弧插补铣削
N40 G01 X25 Y0	回圆心
Z−4 F120	快速下降至Z−4mm
X27	直线插补铣削
N50 G03 I−2 J0	逆时针圆弧插补铣削
N60 G01 X0 Y0	回圆心
N70 G00 Z10	Z轴轴向抬刀
N80 M99	子程序结束,返回到主程序
O0008	主程序名(铣六边形C4倒角)
N10 G58 S2000 M03 T05	设定工件坐标系,主轴正转转速为2000r/min
N20 G00 X−70 Y−38.239 Z10	快速移动点定位
N30 G01 Z0 F200	直线插补下降至Z0mm
N40 G65 P0081	调用倒六边形C4倒角宏程序
N50 G00 Z100	Z轴抬刀
N60 M05	主轴停转
N70 M30	程序结束,返回程序头
O0081	子程序名(铣六边形C4倒角)
N10 #1=0	设置变量#1
N20 WHILE [#1 LE 4] DO1	#1变量小于等于4mm,并开始执行1
N30 #2=38.239+#1	设置变量#2
#3=22.073+#1*tan[30]	设置变量#3
#4=44.155+#1/cos[30]	设置变量#4
N40 G01 Y[−#2] Z[−#1]	直线插补切削
X[−#3]	直线插补切削
X[−#4] Y0	直线插补切削
X[−#3] Y[#2]	直线插补切削
X[#3]	直线插补切削
X[#4] Y0	直线插补切削
X[#3] Y[−#2]	直线插补切削
N50 #1=#1+0.02	每次切削变量增加0.02mm
N60 END1	结束执行1
N70 M99	子程序结束,返回到主程序
O0009	主程序名(镗2×φ24通孔)
N10 G59 G80 S300 M03 T06	设定工件坐标系,主轴正转转速为300r/min
N20 G00 X0 Y0 Z20	快速移动点定位
N30 G98 G86 X0 Y0 Z−30 R5 F20	镗φ24通孔,R平面设为5mm,进给量为20mm/min
N40 G80	取消镗孔循环
N50 G00 Z100	Z轴轴向抬刀
N60 M05	主轴停转
N70 M30	程序结束,返回程序头

第四部分 附 录

附录1 理论复习题

（一）是非题（是画√，非画×）

（ ）1. 机床的类别用汉语拼音字母表示，居型号的首位，其中字母 X 表示铣床类。

（ ）2. 进给速度倍率和快速倍率在运动过程中调整无效。

（ ）3. 检测装置是数控铣床必不可少的组成部分。

（ ）4. 实际尺寸越接近基本尺寸，表明加工越精确。

（ ）5. 操作数控铣床时，在开机后"回零"的目的是建立工件坐标系。

（ ）6. 对刀点是指数控机床上加工零件时刀具相对零件运动的起始点。

（ ）7. 硬质合金是一种耐磨性好、耐热性高、抗弯强度和冲击韧性都较好的一种刀具材料。

（ ）8. 游标卡尺按照其测量的精度有 0.1mm、0.05mm 和 0.02mm 三种。

（ ）9. 开环无反馈，半闭环的反馈源在丝杠位置，闭环的反馈源在最终执行元件位置。

（ ）10. 圆弧指令用半径 R 编程时，R＜0 表示圆心角小于等于 180°的圆弧。

（ ）11. 滚环丝杠螺母轴向间隙可通过施加预紧力的方法消除。

（ ）12. 高速钢的工艺性比硬质合金好，所以用于制造各种复杂刀具。

（ ）13. 数控铣床检测装置可以将工作台的位移量转换成电信号，并反馈回数控装置。

（ ）14. 铣床的主参数是指工件台长度。

（ ）15. RS232 是数控系统中的常用的通信接口。

（ ）16. 执行 M02 指令后，程序结束，系统停止运行。

（ ）17. 影响开环伺服系统定位精度的主要因素是传动元件的传动误差。

（ ）18. DNC 方式是指用 CAM 软件进行零件加工的方式。

（ ）19. 滚珠丝杠副消除轴向间隙的目的主要是减小摩擦力矩。

（ ）20. V 形铁定位的特点是一个方向的定位误差为零。

（ ）21. 工件的定位和夹紧称为工件的装夹。

（ ）22. 基准可以分为设计基准与工序基准两大类。

（ ）23. 红硬性是刀具材料在高温下仍能保持其硬度的特性。

（ ）24. 变频主轴可以实现无级调速。

（ ）25. 只有当工件的六个自由度全部被限制，才能保证加工精度。

（ ）26. 滚珠丝杠传动效率高、刚度大，可以预紧消除间隙，但不能自锁。

（ ）27. 定位基准是用来确定加工表面与刀具相互关系的基准。

（ ）28. 精加工时，使用切削液的目的是降低切削温度，起冷却作用。

（ ）29. 机床参考点在机床坐标中的位置由系统设定，用户一般不能改变。

（ ）30. 以交流伺服电机为驱动单元的数控系统称为闭环数控系统。

（ ）31. 高速钢铣刀的韧性虽然比硬质合金好，但不能用于高速铣削。

（ ）32. 含 G01 的程序段中，如不包含 F 指令，则机床不运动。

（ ）33. 低碳钢的含碳量≤0.025%。

（ ）34. 每当数控装置发出一个脉冲信号，就使步进电机的转子旋转一个固定角度，该角度称为步距角。

（　）35. 选择切削用量时，精加工时以提高生产率为主，但也应考虑加工质量。
（　）36. 准备功能 G40、G41、G42 都是模态指令。
（　）37. 切削塑性金属时用中等速度可避免产生积屑瘤。
（　）38. 刀具耐用度是表示一把新刀从投入切削开始到报废为止的总的实际切削时间。
（　）39. FMS 是指计算机集成制造系统，CIMS 是指柔性制造系统。
（　）40. 图样中没有标注形位公差的加工面，表示该加工面无形状、位置公差要求。
（　）41. 按数控系统的控制方式分类，数控机床分为点位控制、点位直线控制和轮廓控制数控机床。
（　）42. 数控系统的脉冲当量是指数控系统每发出一个脉冲所对应的机床移动量。
（　）43. 切削速度是切削加工时刀具切削刃选定点相对于工件主运动的瞬时速度。
（　）44. 利用计算机进行零件设计称为 CAD。
（　）45. 切削运动中，速度较高、消耗切削功率较大的运动是主运动。
（　）46. 装夹是指定位与夹紧的全过程。
（　）47. 数控装置发出的控制指令脉冲频率越高，则工作台的位移速度越慢。
（　）48. DNC 指的是从外部输入程序到数控系统后，再利用存储好的程序进行加工的一种方便的方法。
（　）49. 半闭环控制系统通常在机床的运动部件上直接安装位移测量装置。
（　）50. 反向间隙越小越好。
（　）51. 全闭环数控机床的检测装置通常安装在伺服电机上。
（　）52. 编制程序时一般以机床坐标系作为编程依据。
（　）53. 直线式光栅尺可以直接测量工作台的进给位移。
（　）54. Mastercam 是基于 PC 机的 CAD/CAM 软件。
（　）55. 由于 G01 是模态代码，所以程序中只要出现一次 G01，以后便可以不再写 G01 了。
（　）56. 对于既有铣面又有镗孔的工件，一般先铣面后镗孔。
（　）57. F 值在编程设定好后，在加工时一般不可调。
（　）58. 开始执行加工程序时的刀具起点称为机械零点。
（　）59. G00 与 G01 的功能虽然不同，但机床的运动轨迹是一样的。
（　）60. 在铣床上直接加工精度在 IT9 以下的孔采用镗刀加工。
（　）61. 上一程序段中有了 G02 指令，下一程序段如果是顺圆切削，则 G02 可省略。
（　）62. 在数控铣床编程时，可以同时预置多个加工坐标系。
（　）63. M02、M30 都用于程序的结束。
（　）64. 夹紧力的方向应尽可能与切削力、工件重力平行。
（　）65. 辅助功能字 M 代码主要用来控制机床主轴的开、停，冷却液的开关和工件的夹紧与松开等辅助动作。
（　）66. ISO 中，G90 为绝对值编辑指令。
（　）67. 采用固定循环编程，可以加快切削速度，提高加工质量。
（　）68. 在卧式铣床上用圆柱铣刀铣削表面有硬皮的毛坯工件平面时应采用顺铣切削。
（　）69. 编程指令中"M"和"T"的功能分别是指主轴功能和刀具功能。
（　）70. 顺铣是指铣刀的切削运动方向与工件的进给运动方向相反的铣削。
（　）71. 在 G54 中设置的数值是工件坐标系原点相对对刀点的偏移量。
（　）72. 在铣床上铰孔不能纠正孔的位置精度。
（　）73. 扩孔可以完全校正孔的轴线歪斜。
（　）74. 刀具刃磨后，由于各刀面微观不平及刃磨后具有新的表面层组织，当开始切削时初期磨损最为缓慢。

(   ) 75. S、F 指令都不是模态指令。
(   ) 76. 在子程序中,不可以再调用另外的子程序,即不可调用二重子程序。
(   ) 77. G 代码有模态和非模态之分,M 代码没有模态和非模态之分。
(   ) 78. 当使用变频调速电机控制主轴运转时,S 指令可以按照每分钟转数指定。
(   ) 79. 一个主程序只能由有限个子程序嵌套。
(   ) 80. 为防止工件变形,夹紧部位尽可能与支承件靠近。
(   ) 81. 用内径百分表(或千分表)测量内孔时,必须摆动内径百分表,所得最大尺寸是孔的实际尺寸。
(   ) 82. 在立式铣床上镗孔,孔距超差是切削过程中刀具严重磨损引起的。
(   ) 83. 为保证所加工零件的尺寸在公差范围内,应按零件的名义尺寸进行编程。
(   ) 84. 对于不同的 CNC 控制器,Mastercam 需要不同的后置处理程序。
(   ) 85. 工序集中的优点是减少了安装工件的辅助时间。
(   ) 86. 用划针或千分表对工件进行找正,也就是对工件进行定位。
(   ) 87. 夹紧力方向应尽量垂直于主要定位基准面,同时应尽量与振动方向一致。
(   ) 88. 键槽铣刀不适宜作轴向进给。
(   ) 89. 组合夹具是一种标准化、系列化、通用化程度较高的工艺装备。
(   ) 90. 非模态 G04 代码只在本程序段有效。
(   ) 91. Mastercam 中的工作深度 Z 是定义构图平面在 Z 方向的位置。
(   ) 92. 工件夹紧后,工件的六个自由度都被限制了。
(   ) 93. 用设计基准作为定位基准,可以避免基准不重合引起的误差。
(   ) 94. 变速机构须适应自动操作的要求,大多数数控机床采用无级变速系统。
(   ) 95. 闭环数控系统是不带反馈装置的控制系统。
(   ) 96. XK713 型铣床,型号中"K"表示数控。
(   ) 97. 数控装置发出的脉冲指令频率越高,则工作台的位移速度越慢。
(   ) 98. 用 G02 或 G03 编制整圆时,不能用半径编程,必须用圆心坐标编程。
(   ) 99. G00 是准备功能代码,表示快速定位。
(   ) 100. 镗孔可以保证箱体类零件上孔系间的位置精度。
(   ) 101. 数控铣床规定 Z 轴正方向为刀具接近工件方向。
(   ) 102. 带有刀库的数控铣床一般称为加工中心。
(   ) 103. 钻—扩—铰可保证箱体类零件孔系间的位置精度要求。
(   ) 104. 数控机床的定位精度与重复定位精度是同一概念。
(   ) 105. 数控机床坐标系采用的是右手笛卡尔坐标系。
(   ) 106. 不带有位置检测反馈装置的数控系统称为开环系统。
(   ) 107. 数控机床的坐标系方向的判定,一般假设刀具静止,通过工件相对位移来确定。
(   ) 108. 攻螺纹是用丝锥加工较小的外螺纹,套螺纹是用板牙加工较小的内螺纹。
(   ) 109. 数控机床传动丝杠反方向间隙是不能补偿的。
(   ) 110. 每个程序段内只允许有一个 G 指令。
(   ) 111. 模态 G 代码只在本程序段有效。
(   ) 112. 一般情况下半闭环控制系统的精度高于开环系统。
(   ) 113. 用六个支承点定位是完全定位。
(   ) 114. 在插补过程中,每走一步都要完成"偏差判别,进给计算,新偏差计算,终点判别"四个节拍。
(   ) 115. 一般情况下钻夹头刀柄夹持精度高于弹簧夹头刀柄。
(   ) 116. 在 G00 程序段中,不需编写 F 指令。

( ) 117. 刀具材料的硬度越高，强度和韧性越低。
( ) 118. 刀具半径补偿功能只能够在 XY 平面内进行。
( ) 119. 在数控铣床中，Z 轴应该是平行于机床主轴的坐标轴。
( ) 120. FMS 的中文含义是计算机集成制造系统。
( ) 121. CNC 系统一般都具有绝对编程方式（G90）和增量编程方式（G91）两种。
( ) 122. 切削用量中，影响切削温度最大的是进给量。
( ) 123. 执行了 G80，以后不能再执行固定循环功能。
( ) 124. 机床进入自动加工状态，屏幕上显示的是加工刀具刀尖在编程坐标系中的坐标值。
( ) 125. 切削时，刀具、工件、切屑三者中，刀具吸收的热量最多。
( ) 126. M30 不但可以完成 M02 的功能，还可以使程序自动回到开头。
( ) 127. 程序零点是指加工程序结束时的系统位置。
( ) 128. MDI 方式是指手动数据输入方式。
( ) 129. 利用计算机进行零件设计称为 CAM。
( ) 130. 机床参考点在机床坐标中的坐标值由系统设定，用户不能改变。
( ) 131. 在立式数控铣床上加工封闭式键槽时，通常采用立铣刀铣削，而且可不必钻落刀孔。
( ) 132. 机床参考点通常设在机床各轴工作行程的极限位置附近。
( ) 133. 组合夹具的特点决定了它最适用于产品经常变换的生产。
( ) 134. 互换性要求零件按一个指定的尺寸制造。
( ) 135. 编制程序时一般以机床坐标系零点作为坐标原点。
( ) 136. 开始执行加工程序时的刀具起点称为程序零点，并可以用 G00 指令定义。
( ) 137. 零件上凡已加工过的表面就是精基准。
( ) 138. G41 指令为右侧刀具半径补偿。
( ) 139. 工件材料的切削加工性是以标准切削速度下刀具使用寿命的大小作为比较标准的。
( ) 140. 在立式铣床上镗孔，镗杆过长会产生弹性偏让，使孔径超差，产生废品。
( ) 141. 轮廓控制的数控机床只要控制起点和终点位置，对加工过程中的轨迹没有严格要求。
( ) 142. 在机床通用特性代号中，代号 H 表示通用特性是数控。
( ) 143. 使用千分尺测量时，不应先锁紧螺杆，后用力卡工件，这样会导致螺杆弯曲或测量面磨损而影响测量准确度。
( ) 144. 因为硬质合金刀具的耐高温性能好，所以用它切削时可不用切削液。
( ) 145. 为了保证形状精度，在立式铣床上镗孔前，应找正铣床主轴轴线与工作台面的垂直度。
( ) 146. 点位控制的数控钻床只控制刀具运动起点和终点，对中间过程轨迹没有严格要求。
( ) 147. G01 是非模态指令。
( ) 148. 开环控制系统一般适用于经济型数控机床和旧机床数控化改造。
( ) 149. G94 指令定义 F 字段设置的切削速度的单位为"mm/r"。
( ) 150. 标准麻花钻顶角一般为 118°。
( ) 151. 对于圆弧加工 G02、G03 指令中的 R 值，有正负之分。
( ) 152. 数控机床坐标系是机床固有的坐标系，一般情况下不允许用户改动。
( ) 153. 塑料滑动导轨比滚动导轨的摩擦系数低。
( ) 154. 偏置号的指定，长度偏移用 H，半径补偿用 D。
( ) 155. 零件的每一个尺寸一般只标注一次，并应标注在反映该结构最清晰的图形上。
( ) 156. 数控铣加工中，进退刀位置应选在合适的位置，以保证加工质量。
( ) 157. 指令 G54～G57 都可用于工作坐标系的设定。
( ) 158. 基本偏差为一定的轴的公差带与不同基本偏差的孔的公差带形成各种配合的一种制度，称为基轴制。

(　　) 159. A0 的图纸幅面大于 A1 的图纸幅面。
(　　) 160. CAM 中型腔零件的粗加工通常选用键槽铣刀。
(　　) 161. 接通电源后，通常都要做回零操作，使刀具或工作台退离到机床参考点。
(　　) 162. 碳素工具钢和合金工具钢用于制造中、低速成型刀具。
(　　) 163. 刀补程序段内必须有 G00 与 G01 功能才有效。
(　　) 164. 对一些计算繁琐、手工编程无法编出的三维零件可使用自动编程。
(　　) 165. 数控铣床的孔加工循环指令中，R 是指回到循环起始平面。
(　　) 166. 零件图未注出公差的尺寸，可以认为是没有公差要求的尺寸。
(　　) 167. 工件坐标系是编程时使用的坐标系，故又称为编程坐标系。
(　　) 168. 切削液有冷却、润滑和清洗的作用。
(　　) 169. 数控机床按数控系统的刀具轨迹分类，可以分为开环系统、半闭环系统和闭环系统。
(　　) 170. 数控机床适用于加工多品种、中小批量的产品。
(　　) 171. 铰刀可以修正孔的直线度。
(　　) 172. 只有当工件的六个自由度全部被限制，才能保证加工精度。
(　　) 173. 确定机床坐标系时，一般先确定 X 轴，然后确定 Y 轴，再根据右手定则法确定 Z 轴。
(　　) 174. 尺寸标注的三要素是尺寸数字、尺寸界线和箭头。
(　　) 175. 切削用量的选择原则，粗加工时一般以提高生产率为主，但也应考虑经济性和加工成本。
(　　) 176. 数控机床开机后，必须先进行返回参考点操作。
(　　) 177. 数控编程中既可以用绝对值编程，也可以用增量值编程。
(　　) 178. FANUC 数控系统中，M98、M99 指令是成对出现的。
(　　) 179. 退火的目的是改善钢的组织，改善切削加工性能。
(　　) 180. 当机床运行至 M01 指令时，机床不一定停止执行下面的程序。
(　　) 181. 用数字化信息进行控制的自动控制技术称为数字控制技术，采用数控技术控制的机床称为数控机床。
(　　) 182. 滚珠丝杠副由于不能自锁，故在垂直安装应用时需添加平衡或自锁装置。
(　　) 183. 用硬质合金铣刀铣削不锈钢时，铣刀材料应选用与不锈钢化学亲和力小的 YG 类合金，如能选用含钽、铌的 YW 类合金最好。
(　　) 184. 数控加工的插补过程，实际上是用微小的直线段来逼近曲线的过程。
(　　) 185. 高速钢由于耐热性较差，因此不能用于高速切削。
(　　) 186. 在轮廓铣削加工中，若采用刀具半径补偿指令编程，刀补的建立与取消应在轮廓上进行，这样的程序才能保证零件的加工精度。
(　　) 187. 当用 G02、G03 指令对被加工零件进行圆弧编程时，圆心坐标 I、J、K 为圆弧终点到圆弧中心所作矢量分别在 X、Y、Z 坐标轴方向上的分矢量（矢量方向指向圆心）。
(　　) 188. 各种不同刀具不管多么复杂，通常就其中一个刀齿来说，可把它作为一个车刀头来分析。
(　　) 189. 对于一般数控机床，由于采用了电机无级变速，故简化了机械变速机构。
(　　) 190. 根据孔、轴公差带之间的关系，配合分为三大类，即间隙配合、过盈配合和过渡配合。
(　　) 191. 国家标准中规定了两种平行的基准制：基孔制和基轴制。
(　　) 192. 轮廓控制的数控机床，必须对进给运动的位置和运动速度两方面同时实现自动控制。
(　　) 193. 对刀具材料的基本要求有：高的硬度、高的耐磨性、足够的强度和韧性、高的耐热性、良好的工艺性。
(　　) 194. 刀补的建立就是在刀具从起点接近工件时，刀具中心从与编程轨迹重合过渡到与编程轨迹偏离一个偏置量的过程。
(　　) 195. 通常情况下端铣刀齿数增加，可显著提高生产率和加工质量。
(　　) 196. 在数控机床坐标系中，以刀具相对于静止工件运动的原则，按刀具远离工件的运动方向为坐标的负方向。

（　）197. 开环系统只有输出环节而没有检测反馈环节。
（　）198. 在数控机床上通常要经过首件试切来调试加工程序。
（　）199. 宏程序的特点是可以使用变量，但变量之间不能进行运算。
（　）200. 半闭环数控系统装有检测反馈装置，它的反馈信号取自电动机轴，而不是机床的最终移动部件。
（　）201. 切削用量三要素是切削速度、切削深度和进给量。
（　）202. 数控机床所加工出的轮廓只与采用的程序有关，而与所选用的刀具无关。
（　）203. 镗削不锈钢、耐热钢材料，采用极压切削油能减少切削热的影响，提高刀具寿命，使切削表面粗糙值减少。
（　）204. 全闭环数控机床不需要对进给机构传动反向间隙进行补偿。
（　）205. 数控回转工作台不是机床的一个旋转坐标轴，不能与其他坐标轴联动。
（　）206. 采用立铣刀加工内轮廓时，铣刀直径应小于或等于工件内轮廓最小曲率半径的2倍。
（　）207. 数控机床的伺服系统由伺服驱动和伺服执行两部分组成。
（　）208. 滚珠丝杠副消除轴向间隙的目的主要是减小摩擦力矩。
（　）209. G04 X3.0 表示暂停 3ms。
（　）210. Mastercam 外形铣削功能，可以铣削二维或三维的零件轮廓。
（　）211. 数控机床适用于中小批量、多品种、复杂零件的加工。
（　）212. 刀具磨损可分三个阶段：初期、正常、急剧磨损阶段。
（　）213. G 代码分为模态和非模态代码。非模态代码是指某一 G 代码被指定后就一直有效。
（　）214. 采用顺铣，必须要求铣床工作台丝杠螺母副有消除侧向间隙机构，或采取其他有效措施。
（　）215. 用面铣刀铣平面时，其直径尽可能取较大值，这样可提高铣削效率。
（　）216. 铣削过程中，切削液不应冲注在切屑从工件上分离下来的部位，否则会使铣刀产生裂纹。
（　）217. 镜像功能执行后，第一象限的顺圆 G02 到第三象限还是顺圆 G02。
（　）218. 驱动装置是数控机床的控制核心。
（　）219. G17、G18、G19 平面选择是指选择圆弧插补和刀具补偿的平面。
（　）220. 同组模态 G 代码可以放在一个程序段中，而且与顺序无关。
（　）221. HRC 表示维氏硬度。
（　）222. CIMS 是指计算机集成制造系统，FMS 是指柔性制造系统。
（　）223. 对于数控铣床，加工路线是指刀具中心的轨迹和方向。

（二）选择题

1. 数控机床适用于（　　）生产。
   A. 大型零件　　　　　　　　　　　B. 小型高精密零件
   C. 中小批量复杂形体零件　　　　　D. 大批量零件
2. XK6132 是常用铣床型号，其数字 32 表示（　　）。
   A. 工作台面宽度 320mm　　　　　　B. 工作台行程 320mm
   C. 主轴最高转速 320r/min　　　　　D. 工作台面长度 320mm
3. 数控铣床主轴转速 S 的单位是（　　）。
   A. mm/min　　　B. mm/r　　　C. r/min　　　D. mm/s
4. 在数控铣床中，选择平面的默认指令一般是（　　）。
   A. G16　　　　B. G17　　　C. G18　　　D. G19
5. 圆弧指令中的 I 表示（　　）。
   A. 圆心的坐标在 X 轴上的分量　　　B. 圆心的坐标在 Y 轴上的分量
   C. 圆心的坐标在 Z 轴上的分量　　　D. 半径

6. MDI 运转可以（　　）。
   A. 通过操作面板输入一段指令并执行程序段　　B. 完整地执行当前程序号的程序段
   C. 按手动键操作机床　　D. 按单段方式执行程序段
7. 铣床工作过程中主运动是（　　）。
   A. 工作台进给　　B. 铣刀旋转　　C. 工件移动　　D. 刀具移动
8. 工人在一个工作地点连续加工完成零件一部分的机械加工工艺过程称为（　　）。
   A. 安装　　B. 工序　　C. 工步　　D. 工作行程
9. 铣床 FAUNC 系统中，公英制的设定指令是（　　）。
   A. G10, G11　　B. G96, G97　　C. G98, G99　　D. G20, G21
10. 数控铣床开机时，一般要进行回参考点操作，其目的是要（　　）。
    A. 换刀，准备开始加工　　B. 建立机床坐标系
    C. 建立局部坐标系　　D. A、B、C 都是
11. 铣床 CNC 中，R 基准面一般是指（　　）。
    A. XY 平面　　B. YZ 平面
    C. 工件的表面　　D. 离开工件一定距离的 XY 平面
12. 在铣床上镗孔，若孔壁出现振纹，主要原因是（　　）。
    A. 工作台移距不准确　　B. 镗刀刀尖圆弧半径较小
    C. 镗刀杆刚性差或工作台进给时爬行　　D. 镗刀杆太短
13. 下列代码中与 M01 功能相同的是（　　）。
    A. M00　　B. M02　　C. M03　　D. M30
14. 下列加工方法中，能够加工孔内环槽的是（　　）。
    A. 钻孔　　B. 扩孔　　C. 铰孔　　D. 镗孔
15. 机械制图中常用的三个视图分别为主视图、俯视图及（　　）。
    A. 右视图　　B. 左视图　　C. 半剖视图　　D. 全剖视图
16. 刀具磨损过程的三个阶段中，切削加工应用的是（　　）阶段。
    A. 初期磨损　　B. 正常磨损　　C. 急剧磨损　　D. 意外磨损
17. 英文缩写 CAM 表示（　　）。
    A. 计算机辅助设计　　B. 计算机辅助管理　　C. 计算机辅助制造　　D. 计算机辅助教学
18. 哪一组指令是固定循环指令？（　　）
    A. G0, G01　　B. G04, G20, G21　　C. G74, G84, G86　　D. G92, G99
19. 刀具的寿命（　　）刀具的耐用度。
    A. 小于　　B. 等于　　C. 大于　　D. 无关于
20. 刀具半径右补偿指令是（　　）。
    A. G40　　B. G41　　C. G42　　D. G39
21. 正火是将钢加热到一定温度，保温一定时间，然后（　　）的一种热处理工艺。
    A. 随炉冷却　　B. 在空气中冷却　　C. 在油中冷却　　D. 在水中冷却
22. 打开冷却液用（　　）代码编程。
    A. M03　　B. M05　　C. M08　　D. M09
23. FANUC 系统中，程序段 G51X0Y0P1000 中，P 指令是（　　）
    A. 子程序号　　B. 缩放比例　　C. 暂停时间　　D. 循环参数
24. 机床通用特性代号中，加工中心（自动换刀）的代号是（　　）。
    A. K　　B. H　　C. F　　D. X
25. 铣床上用的平口钳属于（　　）。
    A. 通用夹具　　B. 专用夹具　　C. 成组夹具　　D. 组合夹具

26. 与高速钢刀具的耐热性相比，硬质合金刀具的耐热性（　　）。
    A. 较低　　　　　B. 相等　　　　　C. 较高　　　　　D. 不确定
27. 工件定位时，有一个或几个自由度被定位元件重复限制时称为（　　）。
    A. 欠定位　　　　B. 过定位　　　　C. 不完全定位　　D. 完全定位
28. 采用长V形块对工件外圆柱面定位时，限制的自由度数是（　　）。
    A. 3个　　　　　B. 4个　　　　　C. 5个　　　　　D. 6个
29. 数控机床中把脉冲信号转换成机床移动部件运动的组成部分称为（　　）。
    A. 控制介质　　　B. 数控装置　　　C. 伺服系统　　　D. 机床本体
30. MasterCAM中"Toolpaths"的意义作用是（　　）。
    A. 构造某一个图素　B. 编辑图素　　C. 生成刀具轨迹　D. 文件的路径
31. 粗加工时，为了提高生产效率，选用切削用量时，应首先选择较大的（　　）。
    A. 进给量　　　　B. 切削深度　　　C. 切削速度　　　D. 切削厚度
32. 数控机床坐标系采用的是（　　）。
    A. 左手坐标系　　　　　　　　　　B. 笛卡尔直角坐标系
    C. 工件坐标系　　　　　　　　　　D. 球面坐标系
33. FANUC铣床系统中，用于深孔加工的代码是（　　）。
    A. G73　　　　　B. G81　　　　　C. G82　　　　　D. G86
34. 数控机床精度检验主要包括机床的几何精度检验、坐标精度及（　　）精度检验。
    A. 综合　　　　　B. 运动　　　　　C. 切削　　　　　D. 工作
35. 采用刀具半径补偿编程时，可按（　　）编程。
    A. 位移控制　　　B. 工件轮廓　　　C. 刀具中心轨迹　D. 刀尖半径
36. FANUC系统中，程序段G68X0Y0R45.0中，R指令是（　　）。
    A. 半径值　　　　B. 顺时针旋转45°　C. 逆时针旋转45°　D. 循环参数
37. 用于反镗孔的指令是（　　）。
    A. G84　　　　　B. G85　　　　　C. G86　　　　　D. G87
38. 数控机床四轴三联动的含义是（　　）。
    A. 四个轴中有一个轴不可以控制
    B. 有四个控制轴，其中任意三个轴可以联动
    C. 数控系统能控制机床四轴运动，有三个轴能联动
    D. 四个轴中只有三个轴可以运动
39. 用硬质合金刀具精加工某零件，发现有积屑时，宜采取（　　）措施，以避免或减轻其影响。
    A. V↑　　　　　B. V↓　　　　　C. F↓　　　　　D. F↑
40. 图纸中右上角标注"其余6.3"是指图纸中（　　）加工面的粗糙度要求。
    A. 未标注粗糙度值的加工面　　　　B. 内孔及周边
    C. 螺纹孔　　　　　　　　　　　　D. 槽
41. 机床X方向回零后，此时刀具不能再向（　　）移动，否则易超程。
    A. X+　　　　　B. X-　　　　　C. X+或X-　　　D. Z快速
42. 在表面粗糙度的评定参数中，代号R_a指的是（　　）。
    A. 轮廓算术平均偏差　　　　　　　B. 微观不平十点高度
    C. 轮廓最大高度　　　　　　　　　D. 以上都不正确
43. 机床型号XK713中XK的含义是（　　）。
    A. 数控机床　　　B. 数控铣床　　　C. 数控车床　　　D. 加工中心
44. "CIMS"的中文含义是（　　）。
    A. 柔性制造系统　　　　　　　　　B. 计算机集成制造系统

C. 计算机辅助制造系统　　　　　　D. 柔性制造单元

45. 在 (50, 50) 坐标点钻一个深 10mm 的孔，Z 轴坐标零点位于零件表面上，则指令为（　　）。
   A. G85 X50.0 Y50.0 Z−10.0 R0 F50
   B. G81 X50.0 Y50.0 Z−10.0 R0 F50
   C. G81 X50.0 Y50.0 Z−10.0 R5.0 F50
   D. G83 X50.0 Y50.0 Z−10.0 R5.0 F50

46. 机床回零时，到达机床原点行程开关被压下，所产生的机床原点信号送入（　　）。
   A. 伺服系统　　　B. 数控系统　　　C. 显示器　　　D. PLC

47. 孔加工循环结束后，刀具返回起始平面的指令为（　　）。
   A. G96　　　B. G97　　　C. G98　　　D. G99

48. 顺铣时，铣刀耐用度同逆铣时相比（　　）。
   A. 提高　　　B. 降低　　　C. 相同　　　D. 无关

49. 在下列指令中，是非模态功能指令的是（　　）。
   A. G40　　　B. G53　　　C. G04　　　D. G00

50. 逆/顺时针圆弧切削指令是（　　）。
   A. G00/G01　　　B. G02/G03　　　C. G01/G00　　　D. G03/G02

51. 在数控铣床上加工一个正方形零件（外轮廓），如果使用的铣刀直径比原来小 1mm，则计算加工后的正方形边长尺寸差（　　）。
   A. 小 1mm　　　B. 小 0.5mm　　　C. 大 1mm　　　D. 大 0.5mm

52. 在多坐标数控加工中，采用截面线加工方法生成刀具轨迹，一般（排除一些特殊情况）采用（　　）。
   A. 球头刀　　　B. 环形刀　　　C. 端铣刀　　　D. 立铣刀

53. 对刀具寿命影响最大的是（　　）。
   A. 切削深度　　　B. 进给量　　　C. 切削速度　　　D. 机床功率

54. 数控系统中 G54 与下列哪一个 G 代码的用途相同？（　　）
   A. G03　　　B. G50　　　C. G57　　　D. G01

55. 通常用球刀加工比较平缓的曲面时，表面粗糙度的质量不会很高。这是因为（　　）造成的。
   A. 行距不够密
   B. 步距太小
   C. 球刀刀刃不太锋利
   D. 球刀尖部的切削速度几乎为零

56. 孔 $\Phi 60^{+0.060}_{+0.034}$ 与轴 $\Phi 60^{+0.041}_{-0.002}$ 相配合属于哪种配合？（　　）
   A. 过渡配合　　　B. 间隙配合　　　C. 过盈配合　　　D. 不能确定哪一种配合

57. 工件以平面定位时，所使用的主要定位元件通常为（　　）。
   A. 支承钉　　　B. V 形块　　　C. 削边销　　　D. 螺栓

58. 全闭环进给伺服系统与半闭环进给伺服系统的主要区别在于（　　）。
   A. 位置控制器
   B. 反馈单元的安装位置
   C. 伺服控制单元
   D. 数控系统性能优劣

59. 普通数控铣床数控系统一般可以控制的坐标轴数为（　　）轴。
   A. 1　　　B. 2　　　C. 3　　　D. 4

60. MasterCAM 是一个 PC 级的（　　）系统。
   A. CNC　　　B. CAD　　　C. CAM　　　D. CAD/CAM

61. 一般情况下，在数控铣削加工中采用（　　）。
   A. 顺铣　　　B. 逆铣　　　C. 逆铣或顺铣　　　D. 不对称铣

62. 用水平仪检验机床导轨的直线度时，若把水平仪放在导轨的右端，气泡向右偏 2 格；若把水平仪放在导轨的左端，气泡向左偏 2 格。则此导轨是（　　）状态。
   A. 中间凸　　　B. 中间凹　　　C. 不凸不凹　　　D. 扭曲

63. 为了使工件材料获得较好的强度、塑性、韧性等方面的综合性能，对材料要进行（　　）处理。
   A. 淬火　　　B. 调质　　　C. 正火　　　D. 退火

64. 限位开关在机床中起的作用是（　　）。
   A. 短路开关　　　B. 过载保护　　　C. 欠压保护　　　D. 行程控制
65. 根据工件的加工要求，可允许进行（　　）。
   A. 欠定位　　　B. 过定位　　　C. 不完全定位　　　D. 不定位
66. 光栅尺是（　　）。
   A. 一种极为准确的直接测量位移的工具
   B. 一种数控系统的功能模块
   C. 一种能够间接检测直线位移或角位移的伺服系统反馈元件
   D. 一种能够间接检测直线位移的伺服系统反馈元件
67. 用数控铣床加工较大平面时，应选择（　　）。
   A. 立铣刀　　　B. 面铣刀　　　C. 圆锥形铣刀　　　D. 鼓形铣刀
68. 调质适用于处理（　　）材料。
   A. 低碳钢　　　B. 中碳钢　　　C. 高碳钢　　　D. 不锈钢
69. 数控系统中CNC的中文含义是（　　）。
   A. 计算机数字控制　　　B. 工程自动化　　　C. 硬件数控　　　D. 计算机控制
70. 立式铣床主轴与工作台面不垂直，用盘铣刀进行端铣时会铣出（　　）。
   A. 平行或垂直面　　　B. 斜面　　　C. 凹面　　　D. 凸面
71. 攻 M10×1 的螺纹，理论上应加工出（　　）mm 的底孔。
   A. 8　　　B. 8.5　　　C. 8.75　　　D. 8.917
72. 用于主轴旋转速度控制的代码是（　　）。
   A. T　　　B. G　　　C. S　　　D. F
73. 数控机床有以下特点，其中不正确的是（　　）。
   A. 具有充分的柔性　　　B. 能加工复杂形状的零件
   C. 加工的零件精度高，质量稳定　　　D. 大批量、高精度
74. 数控系统的核心是（　　）。
   A. 伺服装置　　　B. 数控装置　　　C. 反馈装置　　　D. 检测装置
75. 暂停指令是（　　）。
   A. G00　　　B. G01　　　C. G04　　　D. M02
76. 将加热至约800℃的中碳钢料随即在密闭炉中缓慢冷却，这种处理方法称为（　　）。
   A. 淬火　　　B. 回火　　　C. 退火　　　D. 调质
77. 数控铣床进行镗孔加工时，立柱导轨与主轴若不平行，会使加工件的孔出现（　　）误差。
   A. 锥度　　　B. 圆柱度　　　C. 圆度　　　D. 直线度
78. 数控铣床闭环伺服系统的反馈装置装在（　　）。
   A. 伺服电机轴上　　　B. 工作台上　　　C. 进给丝杠上　　　D. 立柱上
79. 计算机辅助制造的英文缩写是（　　）。
   A. CAD　　　B. CAM　　　C. CAPP　　　D. CAE
80. 在切削加工时，切削热主要是通过（　　）传导出去的。
   A. 切屑　　　B. 工件　　　C. 刀具　　　D. 周围介质
81. 在切断、加工深孔或用高速钢刀具加工时，宜选择（　　）的进给速度。
   A. 较高
   B. 较低
   C. 数控系统设定得最低　　　D. 数控系统设定得最高
82. 有色金属的加工不宜采用（　　）方式。
   A. 车削　　　B. 刨削　　　C. 铣削　　　D. 磨削
83. 指令 G02　X　Y　R 不能用于（　　）加工。

A. 1/4 圆　　　　B. 1/2 圆　　　　C. 3/4 圆　　　　D. 整圆

84. 在工件自动循环加工中，若要跳过某一程序段，在所需跳过的程序段前加（　　），且必须通过操作面板或 PLC 接口控制信号使跳跃程序段生效。

　　A. "｜" 符号　　B. "—" 符号　　C. "\" 符号　　D. "/" 符号

85. 刀具半径左补偿指令是（　　）。

　　A. G39　　　　B. G40　　　　C. G41　　　　D. G42

86. 地址编码 A 的意义是（　　）。

　　A. 围绕 X 轴回转运动的角度尺寸　　B. 围绕 Y 轴回转运动的角度尺寸
　　C. 平行于 X 轴的第二尺寸　　　　　D. 平行于 Y 轴的第二尺寸

87. 在全闭环数控系统中，位置反馈量是（　　）。

　　A. 机床的工作台位移　　B. 进给电机角位移
　　C. 主轴电机转角　　　　D. 主轴电机转速

88. 圆弧插补方向（顺时针和逆时针）的规定与（　　）有关。

　　A. X 轴　　B. Y 轴　　C. Z 轴　　D. 垂直于圆弧平面内的坐标轴

89. 切削用量中影响切削温度最大的是（　　）。

　　A. 切削深度　　B. 进给量　　C. 切削速度　　D. 前角

90. 机床型号的首位是（　　）代号。

　　A. 类或分类　　B. 通用特性　　C. 结构特征　　D. 主参数

91. "G02　X20　Y20　R－10　F100;" 所加工的一般是（　　）。

　　A. 整圆
　　B. 夹角≤180°的圆弧
　　C. 180°≤夹角＜360°的圆弧
　　D. 不确定

92. 数控铣床中 F100 表示（　　）。

　　A. 主轴转速为 100r/min　　B. 主轴转速为 100mm/min
　　C. 进给速度为 100r/min　　D. 进给速度为 100mm/min

93. 在数控编程指令中，表示程序结束并返回程序开始处的功能指令是（　　）。

　　A. M02　　B. M03　　C. M08　　D. M30

94. 夹紧力的方向应尽可能与切削力、工作重力（　　）。

　　A. 同向　　B. 平行　　C. 相反　　D. 垂直

95. 数控机床的 F 指令是指（　　）。

　　A. 主轴功能　　B. 辅助功能　　C. 进给功能　　D. 刀具功能

96. 设 H01＝6mm，则执行 "G91　G43　G01　Z－15.0" 后的实际移动量为（　　）。

　　A. 9mm　　B. 21mm　　C. 15mm　　D. 11mm

97. 工件夹紧的三要素是（　　）。

　　A. 夹紧力的大小、夹具的稳定性
　　B. 夹紧力的大小、夹紧力的方向、夹紧力的作用点
　　C. 工件变形小、夹具稳定可靠、定位准确
　　D. 夹紧力要大、工件稳定、定位准确

98. 安装零件时，应尽可能使定位基准与（　　）基准重合。

　　A. 测量　　B. 设计　　C. 装配　　D. 工艺

99. 铣床 CNC 中，指定相对值（增量值）编程的指令是（　　）。

　　A. G10　　B. G11　　C. G90　　D. G91

100. 在开环的 CNC 系统中（　　）。

　　A. 不需要位置反馈环节　　　　B. 可要也可不要位置反馈环节
　　C. 需要位置反馈环节　　　　　D. 除需要位置反馈外，还需要速度反馈

101. 编程员在数控编程过程中，定义在工件上的几何基准点称为（　　）。
    A. 机床原点　　　B. 绝对原点　　　C. 工件原点　　　D. 装夹原点
102. 在铣削一个XY平面上的圆弧时，圆弧起点在（30，0），终点在（−30，0），半径为50，圆弧起点到终点的旋转方向为顺时针，则铣削圆弧的指令为（　　）。
    A. G17 G90 G02 X−30.0 Y0 R50.0 F50　　　B. G17 G90 G03 X−300.0 Y0 R−50.0 F50
    C. G17 G90 G02 X−30.0 Y0 R−50.0 F50　　　D. G18 G90 G02 X30.0 Y0 R50.0 F50
103. 下列较适合在数控铣床上加工的内容是（　　）。
    A. 形状复杂、尺寸繁多、划线与检测困难的部位
    B. 毛坯上的加工余量不太充分或不太稳定的部位
    C. 需长时间占机人工调整的粗加工内容
    D. 简单的粗加工表面
104. 零件的加工精度应包括以下几部分内容（　　）。
    A. 尺寸精度、几何形状精度和相互位置精度　　B. 尺寸精度
    C. 尺寸精度、形状精度和表面粗糙度　　　　　D. 几何形状精度和相互位置精度
105. 在带变频功能的数控系统中，S所代表的是（　　）。
    A. 刀具号　　　B. 主轴转速　　　C. 主轴反转　　　D. 主轴停
106. 为方便编程，数控加工的工件尺寸应尽量采用（　　）。
    A. 局部分散标注　　　　　　B. 以同一基准标注
    C. 对称标注　　　　　　　　D. 任意标注
107. 加工箱体类零件的平面时，应选择的数控机床是（　　）。
    A. 数控车床　　　B. 数控铣床　　　C. 数控钻床　　　D. 数控镗床
108. 数控系统所规定的最小设定单位就是（　　）。
    A. 数控机床的运动精度　　　B. 机床的加工精度
    C. 脉冲当量　　　　　　　　D. 数控机床的传动精度
109. 型腔类零件的粗加工，刀具通常选用（　　）。
    A. 球头铣刀　　　B. 键槽铣刀　　　C. 三刃立铣刀　　　D. 面铣刀
110. 在立式铣床上镗孔，退刀时孔壁出现划痕的主要原因是（　　）。
    A. 工件装夹不当　　　　　　B. 刀尖未停转或位置不对
    C. 工作台进给爬行　　　　　D. 工件材料太软
111. 倘若工件采取一面两销定位，其中定位平面消除了工件的（　　）自由度。
    A. 1个　　　B. 2个　　　C. 3个　　　D. 4个
112. 采用切削液，可以减少切削过程中的摩擦，这主要是由于切削液具有（　　）。
    A. 润滑作用　　　B. 冷却作用　　　C. 清洗作用　　　D. 防锈作用
113. 数控机床的脉冲当量是指（　　）。
    A. 数控机床移动部件每分钟位移量　　　B. 数控机床移动部件每分钟进给量
    C. 数控机床移动部件每秒钟位移量　　　D. 每个脉冲信号使数控机床移动部件产生的位移量
114. 数控机床加工轮廓时，一般最好沿着轮廓（　　）进刀。
    A. 法向　　　B. 切向　　　C. 45°方向　　　D. 任意方向
115. MDI方式是指（　　）。
    A. 执行手动的功能　　　　　　B. 执行一个加工程序
    C. 执行某一G功能　　　　　　D. 执行经操作面板输入的一段指令
116. 机床夹具按（　　）分类，可分为通用夹具、专用夹具、组合夹具等。
    A. 使用机床类型　　　　　　B. 驱动夹具工作的动力源
    C. 夹紧方式　　　　　　　　D. 专门化程度

117. 通常情况下,平行于机床主轴的坐标轴是( )。
    A. X轴　　　　　B. Z轴　　　　　C. Y轴　　　　　D. 不确定
118. 数控机床的加工动作是由( )规定的。
    A. 输入装置　　　B. 步进电机　　　C. 侍服电机　　　D. 加工程序
119. 在精加工和半精加工时一般要留加工余量,下列哪种半精加工余量相对较为合理?( )
    A. 5mm　　　　　B. 0.5mm　　　　C. 0.01mm　　　　D. 0.005mm
120. 数控机床有不同的运动形式,需要考虑工件与刀具相对运动关系及坐标系方向,编写程序时采用( )的原则。
    A. 刀具固定不动,工件移动　　　　B. 工件固定不动,刀具移动
    C. 分析机床运动关系后再根据实际情况定　　D. 由机床说明书说明
121. 如下图所示的孔系加工中,对加工路线描述正确的是( )。
    A. 图(a)满足加工路线最短的原则　　B. 图(b)满足加工精度最高的原则
    C. 图(a)易引入反向间隙误差　　　　D. 以上说法均正确

122. 下列代码中,属于刀具长度补偿的代码是( )。
    A. G41　　　　　B. G42　　　　　C. G43　　　　　D. G40
123. 下列确定加工路线的原则中正确的说法是( )。
    A. 加工路线最短
    B. 使数值计算简单
    C. 加工路线应保证被加工零件的精度及表面粗糙度
    D. A、B、C同时兼顾
124. 如果在某一零件外轮廓进行粗铣加工时所用的刀具半径补偿值设定为6,精加工余量为1mm,则在用同一加工程序对它进行精加工时应将上述刀具半径补偿值调整为( )。
    A. 7　　　　　　B. 6　　　　　　C. 5　　　　　　D. 4
125. 数控铣床中,进给功能字F后的数字一般表示( )。
    A. 每分钟进给量(mm/min)　　　　B. 每秒钟进给量(mm/s)
    C. 每转进给量(mm/r)　　　　　　D. 螺纹螺距(mm)
126. 数控铣床上用φ20铣刀执行下列程序后,其加工圆弧的直径尺寸是( )。
    N1 G90 G00 G41 X18.0 Y24.0 S600 M03 D01
    N2 G02 X74.0 Y32.0 R40.0 F180 (D01=10.1)
    A. φ80.2　　　　B. φ80.4　　　　C. φ79.8　　　　D. φ79.6
127. 程序原点是编程员在数控编程过程中定义在工件上的几何基准点,称为工件原点。加工开始时要以当前主轴位置为参照点设置工件坐标系,所用的G指令是( )。
    A. G92　　　　　B. G90　　　　　C. G91　　　　　D. G93
128. 周铣时用( )方式进行铣削,铣刀的耐用度较高,获得加工面的表面粗糙度值也较小。

A. 对称铣　　　　　B. 逆铣　　　　　C. 顺铣　　　　　D. 立铣

129. 在数控机床上,下列划分工序的方法中错误的是（　　）。
   A. 按所用刀具划分工序　　　　　B. 以加工部位划分工序
   C. 按粗、精加工划分工序　　　　D. 按不同的加工时间划分工序

130. 在数控编程中,用于刀具半径补偿的指令是（　　）。
   A. G80 G81　　B. G90 G91　　C. G41 G42 G40　　D. G43 G44

131. 在数控铣床的加工过程中,要进行测量刀具和工件的尺寸、手动变速等固定的手工操作时,需要运行（　　）指令。
   A. M00　　　B. M98　　　C. M02　　　D. G54

132. 数控机床中,编码器是（　　）反馈元件。
   A. 位置　　　B. 温度　　　C. 电流　　　D. 流量

133. 下列代码中,不是同组的代码是（　　）。
   A. G01 G02　　B. G98 G99　　C. G40 G41　　D. G19 G20

134. 刀具长度补偿值的地址用（　　）。
   A. D　　　B. H　　　C. R　　　D. J

135. 尺寸 $36^{+0.25}_{-0.15}$ 的公差为（　　）。
   A. 0.4　　　B. +0.1　　　C. 0.1　　　D. +0.4

136. 镗削精度高的孔时,粗镗后,在工件上的切削热达到（　　）后再进行精镗。
   A. 热平衡　　B. 热变形　　C. 热膨胀　　D. 热伸长

137. 加工凹形曲面时,球头铣刀的球半径通常要（　　）加工曲面的曲率半径。
   A. 小于　　B. 大于　　C. 等于　　D. A、B、C 都可以

138. 下列刀具中,（　　）不适宜做轴向进给。
   A. 立铣刀　　B. 键槽铣刀　　C. 球头铣刀　　D. A、B、C 都是

139. 公差带位置由（　　）决定。
   A. 公差　　B. 上偏差　　C. 下偏差　　D. 基本偏差

140. 数控铣床对铣刀的基本要求是（　　）。
   A. 铣刀的刚性要好　　　　B. 铣刀的耐用性要好
   C. 根据切削用量选择铣刀　　D. A、B

141. 将钢加热到发生相变的温度,保温一定时间,然后在炉外缓慢冷却到室温的热处理叫（　　）。
   A. 退火　　B. 回火　　C. 正火　　D. 调质

142. 在全闭环数控系统中,用于位置反馈的元件是（　　）。
   A. 光栅尺　　B. 圆光栅　　C. 旋转变压器　　D. 圆感应同步器

143. 建立机床坐标系与工件坐标系之间关系的指令是（　　）。
   A. G34　　B. G54　　C. G04　　D. G94

144. 调整数控机床的进给速度直接影响到（　　）。
   A. 加工零件的粗糙度和精度、刀具和机床的寿命、生产效率
   B. 加工零件的粗糙度和精度、刀具和机床的寿命
   C. 刀具和机床的寿命、生产效率
   D. 生产效率

145. 一般面铣削中加工碳钢工件的刀具为（　　）。
   A. 金刚石刀具　　B. 高碳钢刀具　　C. 碳化钨刀具　　D. 陶瓷刀具

146. 精铣平面时,宜选用的加工条件为（　　）。
   A. 较大切削速度与较大进给速度　　B. 较大切削速度与较小进给速度
   C. 较小切削速度与较大进给速度　　D. 较小切削速度与较小进给速度

147. 铣削宽度为100mm的平面，切除效率较高的铣刀为（　　）。
    A. 面铣刀　　　　B. 槽铣刀　　　　C. 端铣刀　　　　D. 侧铣刀
148. 以直径14mm的端铣刀铣削孔，结果孔径为14.54mm，其主要原因是（　　）。
    A. 工件松动　　　B. 刀具松动　　　C. 虎钳松动　　　D. 刀具夹头的中心偏置
149. 精铣的进给率应比粗铣（　　）。
    A. 大　　　　　　B. 小　　　　　　C. 不变　　　　　D. 无关
150. 能改善材料的加工性能的措施是（　　）。
    A. 增大刀具前角　B. 适当的热处理　C. 减小切削用量　D. 降低主轴转速
151. 在铣削工件时，若铣刀的旋转方向与工件的进给方向相反，称为（　　）。
    A. 顺铣　　　　　B. 逆铣　　　　　C. 横铣　　　　　D. 纵铣
152. 刀具材料中，制造各种结构复杂的刀具应选用（　　）。
    A. 碳素工具钢　　B. 合金工具钢　　C. 高速工具钢　　D. 硬质合金
153. 任何一个未被约束的物体，在空间具有进行（　　）种运动的可能性。
    A. 六　　　　　　B. 五　　　　　　C. 四　　　　　　D. 三
154. 切削用量中，对切削刀具磨损影响最大的是（　　）。
    A. 切削深度　　　B. 进给量　　　　C. 切削速度　　　D. 切削厚度
155. 使工件相对于刀具占有一个正确位置的夹具装置称为（　　）装置。
    A. 夹紧　　　　　B. 定位　　　　　C. 对刀　　　　　D. 锁紧
156. 确定夹紧力方向时，应该尽可能使夹紧力方向垂直于（　　）基准面。
    A. 主要定位　　　B. 辅助定位　　　C. 底面定位　　　D. 侧面
157. 决定某种定位方法属几点定位，主要根据（　　）。
    A. 有几个支承点与工件接触　　　　B. 工件被消除了几个自由度
    C. 工件需要消除几个自由度　　　　D. 夹具采用几个定位元件
158. 刀具破损即在切削刃或刀面上产生裂纹、崩刀或碎裂现象。这属于（　　）。
    A. 正常磨损　　　B. 非正常磨损　　C. 初期磨损阶段　D. 合理磨损
159. 主刀刃与铣刀轴线之间的夹角称为（　　）。
    A. 螺旋角　　　　B. 前角　　　　　C. 后角　　　　　D. 主偏角
160. 由主切削刃直接切成的表面叫（　　）。
    A. 切削平面　　　B. 切削表面　　　C. 已加工面　　　D. 待加工面
161. 铣削外轮廓时，工件在装夹时必须使余量层（　　）钳口。
    A. 稍高于　　　　B. 稍低于　　　　C. 大量高出　　　D. 平于
162. 铣削中主运动的线速度称为（　　）。
    A. 铣削速度　　　B. 每分钟进给量　C. 每转进给量　　D. 每齿进给量
163. 平面的质量主要从（　　）两个方面来衡量。
    A. 平面度和表面粗糙度　　　　　　B. 平行度和垂直度
    C. 表面粗糙度和垂直度　　　　　　D. 平行度和平面度
164. 校正铣床虎钳常用的工具是（　　）。
    A. 游标卡尺　　　B. 粉笔　　　　　C. 百分表　　　　D. 划线台
165. 铣刀在一次进给中切掉工件表面层的厚度称为（　　）。
    A. 铣削宽度　　　B. 铣削深度　　　C. 进给量　　　　D. 切削面积
166. 在常用的钨钴类硬质合金中，粗铣时一般选用（　　）牌号的硬质合金。
    A. YG3　　　　　B. YG6　　　　　C. YG6X　　　　　D. YG8
167. 铣刀每转过一个刀齿，工件相对铣刀所移动的距离称为（　　）。
    A. 每齿进给量　　B. 每转进给量　　C. 每分钟进给量　D. 刀具直径量

168. 产生加工硬化的主要原因是由于（ ）。
    A. 前角太大   B. 刀尖圆弧半径大   C. 工件材料硬   D. 刀刃不锋利
169. 在加工表面、刀具、切削用量中的切削速度和进给量都不变的情况下，所连续完成的那部分工艺过程称为（ ）。
    A. 工步   B. 工序   C. 工位   D. 进给
170. 数控机床进给系统减少摩擦阻力和动静摩擦之差，是为了提高数控机床进给系统的（ ）。
    A. 传动精度   B. 运动精度和刚度
    C. 快速响应性能和运动精度   D. 传动精度和刚度
171. 确定数控机床坐标轴时，一般应先确定（ ）。
    A. X 轴   B. Y 轴   C. Z 轴   D. 无所谓
172. 数控铣床的默认加工平面是（ ）。
    A. XY 平面   B. XZ 平面   C. YZ 平面   D. 不确定
173. 加工中心与数控铣床的主要区别是（ ）。
    A. 数控系统复杂程度不同   B. 机床精度不同
    C. 有无自动换刀系统   D. 加工效率
174. 数控铣床的基本控制轴数是（ ）。
    A. 一轴   B. 二轴   C. 三轴   D. 四轴
175. 立式数控升降台铣床的升降台上下运动坐标轴是（ ）。
    A. X 轴   B. Y 轴   C. Z 轴   D. S 轴
176. 工件在机床上或在夹具中装夹时，用来确定加工表面相对于刀具切削位置的面叫（ ）。
    A. 测量基准   B. 装配基准   C. 工艺基准   D. 定位基准
177. 立式数控升降台铣床的拖板前后运动坐标轴是（ ）。
    A. X 轴   B. Y 轴   C. Z 轴   D. B 轴
178. 在铣削铸铁等脆性金属时，一般（ ）。
    A. 加以冷却为主的切削液   B. 加以润滑为主的切削液
    C. 不加切削液   D. 加煤油
179. 辅助功能中表示无条件程序暂停的指令是（ ）。
    A. M00   B. M01   C. M02   D. M30
180. 辅助功能中与主轴有关的 M 指令是（ ）。
    A. M06   B. M09   C. M08   D. M05
181. 在夹具中，较长的 V 形架用于工件圆柱表面定位，可以限制工件（ ）自由度。
    A. 二个   B. 三个   C. 四个   D. 五个
182. 数控铣削加工的固定循环功能适用于（ ）。
    A. 曲面形状加工 B. 平面形状加工   C. 孔系加工   D. 轮廓加工
183. 刀尖半径左补偿方向的规定是（ ）。
    A. 沿刀具运动方向看，工件位于刀具左侧   B. 沿工件运动方向看，工件位于刀具左侧
    C. 沿工件运动方向看，刀具位于工件左侧   D. 沿刀具运动方向看，刀具位于工件左侧
184. 用 $\phi 12$ 的刀具进行轮廓的粗、精加工，要求精加工余量为 0.4，则粗加工偏移量为（ ）。
    A. 12.4   B. 11.6   C. 6.4   D. 5.6
185. G00 的指令移动速度值是（ ）。
    A. 机床参数指定 B. 数控程序指定   C. 操作面板指定   D. 编程者指定
186. 数控机床的检测反馈装置的作用是：将其准确测得的（ ）数据迅速反馈给数控装置，以便与加工程序给定的指令值进行比较和处理。
    A. 直线位移   B. 角位移或直线位移

C. 角位移　　　　　　　　　　　　D. 直线位移和角位移

187. 数控机床每次接通电源后在运行前首先应做的是（　　）。
　　A. 给机床各部分加润滑油　　　　B. 检查刀具安装是否正确
　　C. 机床各坐标轴回参考点　　　　D. 工件是否安装正确

188. 数控铣床一般采用半闭环控制方式，它的位置检测器是（　　）。
　　A. 光栅尺　　　　B. 脉冲编码器　　　C. 感应同步器　　　D. 磁栅尺

189. 在FANUC的CRT/MDI面板的功能键中，用于程序编制的键是（　　）。
　　A. POS　　　　　B. PRGRM　　　　C. ALARM　　　　D. OFSET

190. 在FANUC的CRT/MDI面板的功能键中，用于刀具偏置数设置的键是（　　）。
　　A. POS　　　　　B. OFSET　　　　C. PRGRM　　　　D. DGNOS

191. 数控机床操作时，每启动一次只进给一个设定单位的控制，称为（　　）。
　　A. 增量进给　　　B. 点动进给　　　C. 单段操作　　　D. MDI方式

192. 可以用来制作切削工具的材料是（　　）。
　　A. 低碳钢　　　　B. 中碳钢　　　　C. 高碳钢　　　　D. 镍铬钢

193. 设置零点偏置（G54～G59）是从（　　）输入。
　　A. 程序段中　　　B. 机床操作面板　　C. CNC控制面板　　D. 自诊断参数

194. 数控机床加工调试中遇到问题想停机应先停止（　　）。
　　A. 冷却液　　　　B. 主运动　　　　C. 进给运动　　　D. 辅助运动

195. 数控机床如长期不用时，最重要的日常维护工作是（　　）。
　　A. 清洁　　　　　B. 干燥　　　　　C. 通电　　　　　D. 切断电源

196. 对于多坐标数控加工（泛指三、四、五坐标数控加工），一般只采用（　　）。
　　A. 线性插补　　　B. 圆弧插补　　　C. 抛物线插补　　D. 螺旋线插补

197. 新铣床验收工作应按（　　）进行。
　　A. 使用单位要求　B. 机床说明书要求　C. 国家标准　　　D. 机床生产厂家标准

198. 数控铣床在进给系统中采用步进电机，步进电机按（　　）转动相应角度。
　　A. 电流变动量　　B. 电压变化量　　C. 电脉冲数量　　D. 脉冲宽度

199. 数控铣削加工前，应进行零件工艺过程的设计和计算，包括加工顺序、铣刀和工件的（　　）、坐标设置和进给速度等。
　　A. 相对运动轨迹　B. 相对距离　　　C. 位置调整　　　D. 材料

200. 编制数控铣床程序时，调换铣刀、工件夹紧和松开等属于（　　），应编入程序。
　　A. 工艺参数　　　B. 运动轨迹和方向　C. 辅助动作　　　D. 工艺路线

201. 用数控铣床铣削一直线成形面轮廓，确定坐标系后，应计算零件轮廓的（　　），如起点、终点、圆弧圆心、交点或切点等。
　　A. 基本尺寸　　　B. 外形尺寸　　　C. 轨迹和坐标值　D. 半径偏移量

202. 机床用平口虎钳的回转座和底面定位键，分别起角度分度和夹具定位作用，属于（　　）。
　　A. 定位件　　　　B. 导向件　　　　C. 其他元件和装置　D. 夹紧装置

203. 用数控铣床铣削凹模型腔时，粗精铣的余量可用改变铣刀直径设置值的方法来控制，半精铣时铣刀直径设置值应（　　）铣刀实际直径值。
　　A. 小于　　　　　B. 等于　　　　　C. 大于　　　　　D. 小于等于

204. FMS是指（　　）。
　　A. 自动化工厂　　B. 计算机数控系统　C. 柔性制造系统　D. 数控加工中心

205. 用户宏程序就是（　　）。
　　A. 由准备功能指令编写的子程序，主程序需要时可使用呼叫子程序的方式随时调用
　　B. 使用宏指令编写的程序，程序中除使用常用准备功能指令外还使用了用户宏指令，实现变量

运算、判断、转移等功能
C. 工件加工源程序，通过数控装置运算，判断处理后，转变成工件的加工程序，由主程序随时调用
D. 一种循环程序，可以反复使用许多次

206. DNC 系统是指（　　）。
A. 自适应控制　　　　　　　　　　B. 计算机直接控制系统
C. 柔性制造系统　　　　　　　　　D. 计算机数控系统

207. 程序编制中首件试切的作用是（　　）。
A. 检验零件图样的正确性
B. 检验零件工艺方案的正确性
C. 检验程序单的正确性，并检查是否满足加工精度要求
D. 检验数控程序的逻辑性

208. 编排数控机床加工工序时，为了提高加工精度，采用（　　）。
A. 精密专用夹具　　　　　　　　　B. 一次装夹多工序集中
C. 流水线作业法　　　　　　　　　D. 工序分散加工法

209. 选择刀具起刀点时应考虑（　　）。
A. 防止与工件或夹具干涉碰撞　　　B. 方便工件安装与测量
C. 每把刀具刀尖在起始点重合　　　D. 必须选择工件外侧

210. 数控铣床 CNC 系统是（　　）。
A. 轮廓控制系统　　　　　　　　　B. 动作顺序控制系统
C. 位置控制系统　　　　　　　　　D. 速度控制系统

211. 掉电保护电路是为了（　　）。
A. 防止强电干扰　　　　　　　　　B. 防止系统软件丢失
C. 防止 RAM 中保存的信息丢失　　 D. 防止电源电压波动

212. 闭环伺服系统工程使用的执行元件是（　　）。
A. 直流伺服电动机　　B. 交流伺服电动机　　C. 步进电动机　　D. 电液脉冲马达

213. 在工件上既有平面需要加工又有孔需要加工时，可采用（　　）。
A. 粗铣平面—钻孔—精铣平面　　　B. 先加工平面，后加工孔
C. 先加工孔，后加工平面　　　　　D. 任何一种形式

214. 下列刀具材质中，（　　）韧性较高。
A. 高速钢　　　　B. 碳化钨　　　　C. 陶瓷　　　　D. 钻石

215. 取游标卡尺主尺的 19mm，在游尺上分为 20 等分时，则该游标卡尺的最小读数为（　　）。
A. 0.01mm　　　B. 0.02mm　　　C. 0.05mm　　　D. 0.10mm

216. 铣刀直径为 50mm，铣削铸铁时其切削速度为 20m/min，则其主轴转速为每分钟（　　）。
A. 60 转　　　　B. 120 转　　　C. 240 转　　　D. 480 转

217. 铰刀的直径愈小，则选用的每分钟转数（　　）。
A. 愈高　　　　B. 愈低　　　　C. 愈大值一样　　　D. 呈周期性递减

（三）简答题

1. 数控铣削的夹具有哪些类型？
2. 简述 XK6132 中各字母与数字的含义。
3. 与普通机床相比，数控机床加工具有哪些特点？
4. 数控机床坐标系建立的原则有哪些？其轴是怎样命名的？
5. 数控铣床基本的切削运动包括哪些内容？
6. 数控铣床的进给量包括哪几种表示方法？它们之间的关系是怎样的？
7. 什么是数控铣床的吃刀量？它们指的是哪部分切削层的尺寸？

8. 确定铣刀进给路线时应考虑哪些问题？
9. 简述逆铣的特点。
10. 简述顺铣的特点。
11. 什么是定位误差？
12. 按主轴布置形式分，数控铣床常见的种类有哪些？
13. 什么是电主轴？它常应用在什么机床上？
14. 数控铣床最常用的是哪些夹具？
15. 夹紧工件时，应注意夹紧力哪些方面的问题？
16. 数控铣床夹具的选用原则是什么？
17. 什么叫对刀点？对刀点的选取有何要求？
18. 铣刀材料应具备什么样的基本性能？
19. 按照基准统一原则选用精基准有何优点？
20. 硬质合金刀具有哪些牌号？它们适合哪些类型材料的加工？
21. 什么叫工艺尺寸链？
22. 简述钢的基本特性。
23. CNC装置的作用是什么？
24. 什么是模态指令？
25. 制订数控铣削加工工艺方案时应遵循哪些基本原则？
26. 简述开环控制系统的特点。
27. 铣刀螺旋角有什么作用？
28. 常用的铣刀有哪些类型？
29. 数控加工编程的内容主要有哪些？
30. 数控加工工艺分析的目的是什么？包括哪些内容？
31. 何谓机床坐标系和工件坐标系？其主要区别是什么？
32. 数控铣床有哪些刀具补偿功能？刀具半径补偿有何作用？
33. 采用夹具装夹工件有何优点？
34. 数控铣床常用的铣刀材料有哪些？
35. 在数控铣削加工中，一般固定循环由哪六个顺序动作构成？
36. 难加工材料的铣削特点主要表现在哪些方面？
37. 应用可转位硬质合金铣刀片有哪些优点？
38. 数控铣床数控装置的作用是什么？
39. 什么是金属切削过程？
40. 切削用量对切削温度各有什么影响？
41. 数控铣床常用的对刀方法有哪些？
42. 什么是六点定位？
43. 按有无反馈环节，数控铣床伺服系统有哪些类型？它们控制机床的精度哪一个最高，哪一个最低？
44. 定位装置和夹紧装置的作用是什么？
45. 机床误差有哪些？
46. 说明什么是设计基准、工艺基准。
47. 平面铣削的基本方式有哪几种？
48. 零件图铣削工艺分析包括哪些内容？
49. 在数控铣床上按"工序集中"原则组织加工有何优点？
50. 简述G00与G01指令的主要区别。

51. 什么是刀具长度补偿？
52. 什么是刀具半径补偿？
53. 数控加工对刀具有哪些要求？

（四）参考答案

（一）是非题

1. √ 2. √ 3. × 4. × 5. × 6. × 7. × 8. √ 9. √ 10. × 11. √ 12. √ 13. √
14. × 15. √ 16. √ 17. √ 18. × 19. × 20. √ 21. √ 22. √ 23. √ 24. √ 25. ×
26. √ 27. × 28. × 29. √ 30. × 31. √ 32. √ 33. × 34. √ 35. √ 36. √ 37. ×
38. × 39. × 40. × 41. √ 42. √ 43. √ 44. √ 45. √ 46. √ 47. × 48. × 49. ×
50. × 51. √ 52. × 53. √ 54. √ 55. √ 56. √ 57. √ 58. × 59. √ 60. √ 61. √
62. √ 63. √ 64. √ 65. √ 66. √ 67. √ 68. × 69. × 70. × 71. × 72. √ 73. √
74. √ 75. × 76. × 77. √ 78. √ 79. √ 80. √ 81. √ 82. √ 83. √ 84. √ 85. √
86. √ 87. √ 88. √ 89. √ 90. √ 91. √ 92. √ 93. √ 94. √ 95. √ 96. √ 97. ×
98. √ 99. √ 100. √ 101. × 102. √ 103. × 104. × 105. √ 106. √ 107. × 108. ×
109. × 110. × 111. × 112. √ 113. × 114. √ 115. × 116. √ 117. × 118. √ 119. √
120. × 121. √ 122. × 123. √ 124. √ 125. √ 126. √ 127. √ 128. √ 129. √ 130. √
131. × 132. √ 133. √ 134. √ 135. √ 136. √ 137. √ 138. √ 139. √ 140. √ 141. √
142. √ 143. √ 144. √ 145. √ 146. √ 147. √ 148. √ 149. √ 150. √ 151. √ 152. √
153. √ 154. √ 155. √ 156. √ 157. √ 158. √ 159. √ 160. √ 161. √ 162. √ 163. ×
164. √ 165. × 166. √ 167. √ 168. √ 169. × 170. √ 171. × 172. √ 173. √ 174. √
175. √ 176. √ 177. √ 178. √ 179. √ 180. √ 181. √ 182. √ 183. √ 184. √ 185. √
186. √ 187. √ 188. √ 189. √ 190. √ 191. √ 192. √ 193. √ 194. √ 195. √ 196. √
197. √ 198. √ 199. × 200. √ 201. √ 202. × 203. √ 204. √ 205. √ 206. √ 207. √
208. × 209. √ 210. √ 211. √ 212. √ 213. × 214. √ 215. √ 216. × 217. √ 218. ×
219. √ 220. × 221. √ 222. √ 223. ×

（二）选择题

1. C 2. A 3. C 4. B 5. A 6. A 7. B 8. B 9. D 10. B 11. D 12. C 13. A 14. D
15. B 16. B 17. C 18. C 19. B 20. C 21. B 22. C 23. B 24. D 25. A 26. C 27. B 28. B
29. C 30. C 31. B 32. B 33. A 34. D 35. B 36. C 37. D 38. B 39. A 40. A 41. A
42. A 43. B 44. B 45. C 46. B 47. C 48. A 49. C 50. B 51. C 52. B 53. C 54. C
55. D 56. A 57. A 58. B 59. C 60. D 61. C 62. B 63. B 64. D 65. C 66. A 67. B
68. B 69. A 70. C 71. D 72. C 73. D 74. B 75. C 76. C 77. A 78. B 79. B 80. A
81. B 82. D 83. D 84. D 85. C 86. A 87. A 88. D 89. C 90. A 91. C 92. D 93. D
94. B 95. C 96. A 97. B 98. B 99. D 100. A 101. C 102. C 103. A 104. A 105. B
106. B 107. B 108. C 109. B 110. B 111. C 112. A 113. D 114. B 115. D 116. D 117. B
118. D 119. B 120. B 121. D 122. C 123. D 124. C 125. A 126. A 127. C 128. B 129. D
130. C 131. A 132. A 133. D 134. B 135. C 136. A 137. C 138. A 139. D 140. C 141. C
142. A 143. B 144. A 145. C 146. B 147. A 148. B 149. B 150. B 151. B 152. C 153. A
154. C 155. B 156. C 157. C 158. B 159. C 160. A 161. A 162. B 163. A 164. C 165. B
166. D 167. A 168. D 169. A 170. C 171. C 172. C 173. C 174. C 175. C 176. C 177. B
178. C 179. A 180. D 181. C 182. C 183. D 184. C 185. A 186. C 187. B 188. B 189. C
190. B 191. A 192. C 193. C 194. C 195. C 196. C 197. C 198. C 199. A 200. C 201. B
202. B 203. C 204. C 205. B 206. B 207. C 208. B 209. A 210. A 211. C 212. B 213. B
214. A 215. C 216. B 217. A

(三) 简答题

1. 答：①万能组合夹具。②专用铣削夹具。③多工位夹具。④气动或液压夹具。⑤通用铣削夹具。
2. 答：X：铣床；K：数控；6：卧式升降台；1：万能升降台；32：工作台面宽度为320mm。
3. 答：①加工精度高，加工质量稳定；②自动化程度高，操作者劳动强度低；③生产效率高；④适应性强；⑤良好的经济效益；⑥有利于现代化管理。
4. 答：坐标系建立的原则：①刀具相对于静止的工件运动的原则；②标准右手直角坐标系；③主运动的轴线方向为Z轴；④刀具远离工件的方向为Z轴正方向。

    轴的命名：①用X、Y、Z表示直线运动的三个方向；②用A、B、C表示分别绕X、Y、Z坐标轴的旋转运动，符合右手螺旋定则；③平行于X、Y、Z坐标轴的附加轴为U、V、W及P、Q、R。
5. 答：主运动：主轴带动铣刀的旋转运动。

    进给运动一般包括X、Y、Z三个坐标轴的运动。
6. 答：进给运动速度的大小称为进给量，它一般有三种表示方法，即：

    ① 每齿进给量 f_z。铣刀每转过1齿，工件沿进给方向所移动的距离（mm/z）。

    ② 每转进给量 f。铣刀每转过1转，工件沿进给方向所移动的距离（mm/r）。

    ③ 每分钟进给量 v_f。铣刀每旋转1min，工件沿进给方向所移动的距离（mm/min）。

    三种进给量的关系是：$v_f = nf = nzf_z$
7. 答：铣削时铣刀的吃刀量包括背吃刀量 a_p 和侧吃刀量 a_e。

    背吃刀量 a_p：指切削过程中沿刀具轴线方向工件被切削的切削层尺寸（mm）。

    侧吃刀量 a_e：指垂直于刀具轴线方向和进给运动方向所在平面的方向上工件被切削的切削层尺寸（mm）。
8. 答：进给路线的确定应考虑工件表面状况、要求的零件表面质量、机床进给机构的间隙、刀具耐用度以及零件轮廓形状等。
9. 答：逆铣时，刀的旋转方向与工作台的进给方向相反，其特点如下。

    ① 逆铣工件上表面时，铣削力的垂直分力向上，装夹工件时需要较大的夹紧力。

    ② 逆铣时，每个刀刃的切削厚度都是由小到大逐渐变化的。在相同的切削条件下，采用逆铣时，刀具易磨损，已加工表面的冷硬现象较严重。

    ③ 逆铣时，由于铣刀作用在工件上的水平切削力方向与工件进给运动方向相反，使丝杠螺纹与螺母螺纹的侧面总是贴在一起，工作台的丝杠与螺母间的间隙对铣削不产生影响。
10. 答：顺铣时，铣刀的旋转方向与工作台的进给方向相同，其特点如下。

    ① 顺铣工件上表面时，铣削力的垂直分力向下，将工件压向工作台，铣削较平稳。

    ② 顺铣使得切削厚度由大到小逐渐变化，后刀面与工件之间无挤压和摩擦，加工表面精度较高。

    ③ 顺铣时，刀齿每次都是由工件表面开始切削，所以不宜用来加工有硬皮的工件。顺铣时由于铣刀切向力的方向与进给方向相同，当切削力保护时，工作台的丝杠与螺母间的间隙使铣削不断地出现突然移动，这样会破坏切削过程的平稳性，影响工件的加工质量，严重时会损坏刀具，容易造成崩刃。

    ④ 顺铣时的平均切削厚度大，切削变形较小，与逆铣相比较功率消耗要少一些。
11. 答：由工件定位所造成的加工面相对其工序基准的位置误差，叫做定位误差。
12. 答：①立式数控铣床；②卧式数控铣床；③立卧两用数控铣床；④龙门数控铣床。
13. 答：电主轴的本质是一只转子中空的电动机，机床主轴直接安装在中空套筒内。电主轴常应用在高速铣削（HSM）机床上。
14. 答：①机用平口钳；②螺钉压板；③铣床用卡盘；④组合夹具。
15. 答：① 夹紧力的大小应适中，太大会使工件变形，太小则不能保证工件在加工的正确位置。

    ② 夹紧力的方向应尽量垂直于工件的主要定位基准面，并与切向力的方向保持一致。

    ③ 夹紧力的作用点应尽量落在主要定位面上，以保证夹紧稳定可靠，且要与支承点相对，并尽量作用在工件刚性较好的部位，以减小工件变形。夹紧力的作用点应尽量靠近加工表面，以防止工件振动

变形。

16. 答：① 单件生产或新产品研制时，应广泛采用万能组合夹具，只有在组合夹具无法解决时才考虑采用其他夹具。

② 小批量或成批生产时，可考虑采用专用夹具，但应尽量简单。

③ 生产批量较大时，可考虑采用多工位夹具和气动、液压夹具。

17. 答：对刀点是指数控加工时刀具相对工件运动的基准点。这个基准点也是编程时程序的起点。

对刀点选取要合理，以便于数学处理和编程；在机床上容易找正；加工过程中便于检查及引起的加工误差小。

18. 答：足够高的硬度，并在高温下保持其硬度（红硬性）；必要的强度与韧性；高耐磨性、耐热性；良好的导热性、工艺性和经济性；稳定的化学性能。

19. 答：按此原则所选用的精基准，能用于多个表面的加工及多个工序加工，可以减少因基准变换带来的误差，提高加工精度。此外，还可减少夹具的类型，减少设计夹具的工作量。

20. 答：YG：主要用于加工铸铁及有色金属。YT：主要用于加工钢件。YW：适用于不锈钢等难加工钢的加工。

21. 答：互相联系的尺寸按一定顺序首尾相接排列成的尺寸封闭图，叫尺寸链。应用在加工过程中的有关尺寸形成的尺寸链，称为工艺尺寸链。

22. 答：钢材具有强度高、韧性好、易于加工成形、原材料资源丰富、冶炼容易、价格便宜等优点，是工业生产中应用最广泛的一种金属材料。区分钢与铁的基本指标是含碳量，钢的含碳量在 0.0218% ~ 2.11% 之间。铁是钢的基本组成元素。碳是钢中另一主要元素，对钢的组织和性能起重要作用，通常随着含碳量的增加，钢的强度增加，塑性下降。

23. 答：根据输入的零件加工程序进行相应的处理（如运动轨迹处理、机床输入输出信号处理等），然后输出控制命令到相应的执行部件（伺服单元、驱动装置和 PLC 等），所有这些工作是由 CNC 装置内硬件和软件协调配合，合理组织，使整个系统有条不紊地进行工作的。

24. 答：不仅在本程序段中有效，而且在下一程序段中需要时不必重写的指令称为模态指令。

25. 答：应遵循一般的工艺原则，并结合数控铣削的特点认真而详细地制订好零件的数控工艺铣削加工工艺。其主要内容有：分析零件图纸，确定工件在铣床上的装夹方式、各轮廓曲线和曲面的加工顺序、刀具的进给路线以及刀具、夹具和切削用量的选择等。

26. 答：开环控制系统无位置检测反馈装置，它具有系统结构简单、调试维修方便、工作稳定可靠、成本较低的特点，适合于精度要求一般的中小型机床，也是目前在数控改造中应用最为普遍的一种控制系统。

27. 答：螺旋角 β 的存在，加大了前角，改善了排屑性能，使切削平稳。

28. 答：平面铣刀、三面刃铣刀、立铣刀、成型铣刀和模具铣刀等。

29. 答：数控加工编程的主要内容有：分析零件图、确定工艺过程及工艺路线、计算刀具轨迹的坐标值、编写加工程序、程序输入数控系统、程序校验及首件试切等。

30. 答：在数控机床上加工零件，首先应根据零件图样进行工艺分析、处理，编制数控加工工艺，然后再编制加工程序。所包括的内容有切削用量的选择，工步的安排，进给路线、加工余量、刀具的尺寸和型号的确定等。

31. 答：机床坐标系又称机械坐标系，是机床运动部件的进给运动坐标系，其坐标轴及方向按标准规定，其坐标原点由厂家设定，称为机床原点（或零点）。工件坐标又称编程坐标系，是由编程人员根据加工要求确定的。

32. 答：刀具补偿一般有长度补偿和半径补偿。利用刀具半径补偿：用同一程序、同一尺寸的刀具进行粗精加工；直接用零件轮廓编程，避免计算刀心轨迹；刀具磨损、重磨、换刀而引起直径改变后，不必修改程序，只需在刀具参数设置状态输入刀具半径改变的数值。

33. 答：由于夹具的定位元件与刀具及机床运动的相对位置可以事先调整，因此加工一批零件时采用夹具装夹工件，不必逐个找正，既快速方便，又有很高的重复精度，能保证工件的加工要求。

34．答：数控铣床用刀具材料有：高速钢刀具、硬质合金刀具、陶瓷刀具、立方氮化硼刀具、金刚石刀具。

35．答：固定循环由以下6个顺序动作组成：①X、Y轴定位；②快速运动到R点（参考点）；③孔加工；④在孔底的动作；⑤退回到R点（参考点）；⑥快速返回到初始点。

36．答：① 由于难加工材料的热导率大多比较低，热强度高，故铣削温度比较高；

② 切屑变形系数大，变形硬化程度严重；

③ 材料的强度和热强度一般都较大，故铣削力大；

④ 铣刀磨损快，故耐用度低；

⑤ 卷屑、断屑和排屑都较困难。

37．答：① 由于刀片不经过焊接，并在使用过程中不需要刃磨，避免了焊接刃磨所造成的内应力和裂纹，可提高刀具耐用度。

② 刀体可较长时间使用，不仅节约材料，而且减少了铣刀制造及刃磨所需的人工及设备。

③ 铣刀用钝后，只要将刀片转位就可继续使用，因而缩短了换刀、对刀等辅助时间。

④ 刀片用钝后回收方便，减少了刀具材料消耗，降低了成本。

38．答：数控装置的作用是把控制介质存储的代码通过输入转换成代码信息，用以控制运算器和输出装置，由输出装置输出放大的脉冲来驱动伺服系统，使机床按规定要求运行。

39．答：切削时，在刀具切削刃的切割和刀面的推挤作用下，使被切削的金属层产生变形、剪切、滑移而变成切屑的过程。

40．答：切削速度对切削温度的影响最大；进给量对切削温度的影响较小；切削深度对切削温度的影响最小。

41．答：常用的对刀方法有试切法、寻边器对刀、机内对刀仪对刀、自动对刀等。

42．答：在分析工件定位时通常用一个支承点限制一个自由度，用合理分布的六个支承点限制工件的六个自由度，使工件在夹具中位置完全确定，称为六点定位。

43．答：伺服系统可分为开环、半闭环和全闭环系统，其中开环系统的精度最低，全闭环系统的控制精度最高。

44．答：定位装置的作用是确定工件在夹具中的位置，使工件在加工时相对于刀具及切削运动处于正确位置。夹紧装置的作用是夹紧工件，保证工件在夹具中的位置在加工过程中不变。

45．答：① 机床主轴与轴承之间由于制造及磨损造成的误差。它对加工件的圆度、平面度及表面粗糙度产生不良影响。

② 机床传动误差。它破坏正确的运动关系，造成尺寸误差。

③ 机床安装位置误差，如导轨与主轴安装平行误差，它造成镗孔加工出现锥度误差等。

46．答：① 设计基准是指零件图上用以确定其他点、线、面位置的基准。

② 工艺基准是指零件在加工和装配过程中所用的基准。按其用途不同，又分为装配基准、测量基准、定位基准和工序基准。

47．答：周铣即周边铣削，它是通过铣刀的圆柱形侧刃切除工件多余材料的加工方法。周铣可分为逆铣和顺铣。

端铣即端面铣削，它是通过端面铣刀的侧刃和底刃同时对工件进行切削的加工方法。端铣也分为对称铣和不对称铣等。

48．答：图样分析主要内容包括数控铣削加工内容的选择、零件结构工艺性分析、零件毛坯的工艺性分析、加工方案分析等。

49．答：工序集中就是将工件的加工集中在少数几道工序内完成，每道工序的加工内容较多，这样减少了机床数量、操作工人数和占地面积。一次装夹后加工较多表面，不仅保证了各个加工表面之间的相互位置精度，同时还减少了工序间的工件运输量和装夹工件的辅助时间。

50. 答：G00 指令要求刀具以点位控制方式从刀具所在位置用最快的速度移动到指定位置，快速点定位移动速度不能用程序指令设定。G01 是以直线插补运算联动方式由某坐标点移动到另一坐标点，移动速度由进给功能指令 F 设定。

51. 答：刀具长度补偿是为了使刀具顶端达到编程位置而进行的刀具位置补偿。刀具长度补偿指令一般用于刀具轴向的补偿，使刀具在 Z 轴方向的实际位移量大于或小于程序的给定量，从而使长度不一样的刀具的端面在 Z 轴方向运动终点达到同一个实际的位置。

52. 答：由于刀具总有一定的刀具半径，所以在零件轮廓加工过程中刀位点的运动轨迹并不是零件的实际轮廓，刀位点必须偏移零件轮廓一个刀具半径，这种偏移称为刀具半径补偿。

53. 答：与普通机床切削相比，数控机床对刀具的要求更高。不仅要求精度高、刚度好、耐用度高，而且要求尺寸稳定、安装调整方便等。

附录2 数控铣工国家职业标准

1 职业概况

1.1 职业名称
数控铣工。

1.2 职业定义
从事编制数控加工程序并操作数控铣床进行零件铣削加工的人员。

1.3 职业等级
本职业共设四个等级,分别为:中级(国家职业资格四级)、高级(国家职业资格三级)、技师(国家职业资格二级)、高级技师(国家职业资格一级)。

1.4 职业环境
室内、常温。

1.5 职业能力特征
具有较强的计算能力和空间感,形体知觉及色觉正常,手指、手臂灵活,动作协调。

1.6 基本文化程度
高中毕业(或同等学历)。

1.7 培训要求

1.7.1 培训期限
全日制职业学校教育,根据其培养目标和教学计划确定。晋级培训期限:中级不少于400标准学时;高级不少于300标准学时;技师不少于300标准学时;高级技师不少于300标准学时。

1.7.2 培训教师
培训中、高级人员的教师应取得本职业技师及以上职业资格证书或相关专业中级及以上专业技术职称任职资格;培训技师的教师应取得本职业高级技师职业资格证书或相关专业高级专业技术职称任职资格;培训高级技师的教师应取得本职业高级技师职业资格证书2年以上或取得相关专业高级专业技术职称任职资格2年以上。

1.7.3 培训场地设备
满足教学要求的标准教室,计算机机房及配套的软件,数控铣床及必要的刀具、夹具、量具和辅助设备等。

1.8 鉴定要求

1.8.1 适用对象
从事或准备从事本职业的人员。

1.8.2 申报条件
——中级:(具备以下条件之一者)
(1)经本职业中级正规培训达规定标准学时数,并取得结业证书。
(2)连续从事本职业工作5年以上。
(3)取得经劳动保障行政部门审核认定的、以中级技能为培养目标的中等以上职业学校本职业（或相关专业）毕业证书。

（4）取得相关职业中级《职业资格证书》后，连续从事本职业2年以上。

——高级：（具备以下条件之一者）

（1）取得本职业中级职业资格证书后，连续从事本职业工作2年以上，经本职业高级正规培训，达到规定标准学时数，并取得结业证书。

（2）取得本职业中级职业资格证书后，连续从事本职业工作4年以上。

（3）取得劳动保障行政部门审核认定的、以高级技能为培养目标的职业学校本职业（或相关专业）毕业证书。

（4）大专以上本专业或相关专业毕业生，经本职业高级正规培训，达到规定标准学时数，并取得结业证书。

——技师：（具备以下条件之一者）

（1）取得本职业高级职业资格证书后，连续从事本职业工作4年以上，经本职业技师正规培训达规定标准学时数，并取得结业证书。

（2）取得本职业高级职业资格证书的职业学校本职业（专业）毕业生，连续从事本职业工作2年以上，经本职业技师正规培训达规定标准学时数，并取得结业证书。

（3）取得本职业高级职业资格证书的本科（含本科）以上本专业或相关专业的毕业生，连续从事本职业工作2年以上，经本职业技师正规培训达规定标准学时数，并取得结业证书。

——高级技师：

取得本职业技师职业资格证书后，连续从事本职业工作4年以上，经本职业高级技师正规培训达规定标准学时数，并取得结业证书。

1.8.3 鉴定方式

分为理论知识考试和技能操作考核。理论知识考试采用闭卷方式，技能操作（含软件应用）考核采用现场实际操作和计算机软件操作方式。理论知识考试和技能操作（含软件应用）考核均实行百分制，成绩皆达60分及以上者为合格。技师和高级技师还需进行综合评审。

1.8.4 考评人员与考生配比

理论知识考试考评人员与考生配比为1∶15，每个标准教室不少于2名相应级别的考评员；技能操作（含软件应用）考核考评员与考生配比为1∶2，且不少于3名相应级别的考评员；综合评审委员不少于5人。

1.8.5 鉴定时间

理论知识考试为120min；技能操作考核中实操时间为：中级、高级不少于240min，技师和高级技师不少于300min；技能操作考核中软件应用考试时间为不超过120min；技师和高级技师的综合评审时间不少于45min。

1.8.6 鉴定场所设备

理论知识考试在标准教室里进行，软件应用考试在计算机机房进行，技能操作考核在配备必要的数控铣床及必要的刀具、夹具、量具和辅助设备的场所进行。

2 基本要求

2.1 职业道德

2.1.1 职业道德基本知识
2.1.2 职业守则
  (1) 遵守国家法律、法规和有关规定。
  (2) 具有高度的责任心,爱岗敬业,团结合作。
  (3) 严格执行相关标准、工作程序与规范、工艺文件和安全操作规程。
  (4) 学习新知识新技能,勇于开拓和创新。
  (5) 爱护设备、系统及工具、夹具、量具。
  (6) 着装整洁,符合规定;保持工作环境清洁有序,文明生产。
2.2 基础知识
2.2.1 基础理论知识
  (1) 机械制图。
  (2) 工程材料及金属热处理知识。
  (3) 机电控制知识。
  (4) 计算机基础知识。
  (5) 专业英语基础。
2.2.2 机械加工基础知识
  (1) 机械原理。
  (2) 常用设备知识(分类、用途、基本结构及维护保养方法)。
  (3) 常用金属切削刀具知识。
  (4) 典型零件加工工艺。
  (5) 设备润滑和冷却液的使用方法。
  (6) 工具、夹具、量具的使用与维护知识。
  (7) 铣工、镗工基本操作知识。
2.2.3 安全文明生产与环境保护知识
  (1) 安全操作与劳动保护知识。
  (2) 文明生产知识。
  (3) 环境保护知识。
2.2.4 质量管理知识
  (1) 企业的质量方针。
  (2) 岗位质量要求。
  (3) 岗位质量保证措施与责任。
2.2.5 相关法律、法规知识
  (1) 劳动法的相关知识。
  (2) 环境保护法的相关知识。
  (3) 知识产权保护法的相关知识。

3 工作要求

  本标准对中级、高级、技师和高级技师的技能要求依次递进,高级别涵盖低级别的要求。
3.1 中级

附录2 数控铣工国家职业标准

职业功能	工作内容	技 能 要 求	相 关 知 识
一、加工准备	(一)读图与绘图	1. 能读懂中等复杂程度(如凸轮、壳体、板状、支架)的零件图 2. 能绘制有沟槽、台阶、斜面、曲面的简单零件图 3. 能读懂分度头尾架、弹簧夹头套筒、可转位铣刀结构等简单机构装配图	1. 复杂零件的表达方法 2. 简单零件图的画法 3. 零件三视图、局部视图和剖视图的画法
	(二)制定加工工艺	1. 能读懂复杂零件的铣削加工工艺文件 2. 能编制由直线、圆弧等构成的二维轮廓零件的铣削加工工艺文件	1. 数控加工工艺知识 2. 数控加工工艺文件的制定方法
	(三)零件定位与装夹	1. 能使用铣削加工常用夹具(如压板、虎钳、平口钳等)装夹零件 2. 能够选择定位基准,并找正零件	1. 常用夹具的使用方法 2. 定位与夹紧的原理和方法 3. 零件找正的方法
	(四)刀具准备	1. 能够根据数控加工工艺文件选择、安装和调整数控铣床常用刀具 2. 能根据数控铣床特性、零件材料、加工精度、工作效率等选择刀具和刀具几何参数,并确定数控加工需要的切削参数和切削用量 3. 能够利用数控铣床的功能,借助通用量具或对刀仪测量刀具的半径及长度 4. 能选择、安装和使用刀柄 5. 能够刃磨常用刀具	1. 金属切削与刀具磨损知识 2. 数控铣床常用刀具的种类、结构、材料和特点 3. 数控铣床、零件材料、加工精度和工作效率对刀具的要求 4. 刀具长度补偿、半径补偿等刀具参数的设置知识 5. 刀柄的分类和使用方法 6. 刀具刃磨的方法
二、数控编程	(一)手工编程	1. 能编制由直线、圆弧组成的二维轮廓数控加工程序 2. 能够运用固定循环、子程序进行零件的加工程序编制	1. 数控编程知识 2. 直线插补和圆弧插补的原理 3. 节点的计算方法
	(二)计算机辅助编程	1. 能够使用CAD/CAM软件绘制简单零件图 2. 能够利用CAD/CAM软件完成简单平面轮廓的铣削程序	1. CAD/CAM软件的使用方法 2. 平面轮廓的绘图与加工代码生成方法
三、数控铣床操作	(一)操作面板	1. 能够按照操作规程启动及停止机床 2. 能使用操作面板上的常用功能键(如回零、手动、MDI、修调等)	1. 数控铣床操作说明书 2. 数控铣床操作面板的使用方法
	(二)程序输入与编辑	1. 能够通过各种途径(如DNC、网络)输入加工程序 2. 能够通过操作面板输入和编辑加工程序	1. 数控加工程序的输入方法 2. 数控加工程序的编辑方法
	(三)对刀	1. 能进行对刀并确定相关坐标系 2. 能设置刀具参数	1. 对刀的方法 2. 坐标系的知识 3. 建立刀具参数表或文件的方法
	(四)程序调试与运行	能够进行程序检验、单步执行、空运行,并完成零件试切	程序调试的方法
	(五)参数设置	能够通过操作面板输入有关参数	数控系统中相关参数的输入方法

续表

职业功能	工作内容	技 能 要 求	相 关 知 识
四、零件加工	(一)平面加工	能够运用数控加工程序进行平面、垂直面、斜面、阶梯面等的铣削加工,并达到如下要求: (1)尺寸公差等级达IT7级 (2)形位公差等级达IT8级 (3)表面粗糙度达$R_a 3.2\mu m$	1. 平面铣削的基本知识 2. 刀具端刃的切削特点
	(二)轮廓加工	能够运用数控加工程序进行由直线、圆弧组成的平面轮廓铣削加工,并达到如下要求: (1)尺寸公差等级达IT8级 (2)形位公差等级达IT8级 (3)表面粗糙度达$R_a 3.2\mu m$	1. 平面轮廓铣削的基本知识 2. 刀具侧刃的切削特点
	(三)曲面加工	能够运用数控加工程序进行圆锥面、圆柱面等简单曲面的铣削加工,并达到如下要求: (1)尺寸公差等级达IT8级 (2)形位公差等级达IT8级 (3)表面粗糙度达$R_a 3.2\mu m$	1. 曲面铣削的基本知识 2. 球头刀具的切削特点
	(四)孔类加工	能够运用数控加工程序进行孔加工,并达到如下要求: (1)尺寸公差等级达IT7级 (2)形位公差等级达IT8级 (3)表面粗糙度达$R_a 3.2\mu m$	麻花钻、扩孔钻、丝锥、镗刀及铰刀的加工方法
	(五)槽类加工	能够运用数控加工程序进行槽、键槽的加工,并达到如下要求: (1)尺寸公差等级达IT8级 (2)形位公差等级达IT8级 (3)表面粗糙度达$R_a 3.2\mu m$	槽、键槽的加工方法
	(六)精度检验	能够使用常用量具进行零件的精度检验	1. 常用量具的使用方法 2. 零件精度检验及测量方法
五、维护与故障诊断	(一)机床日常维护	能够根据说明书完成数控铣床的定期及不定期维护保养,包括机械、电气、液压、数控系统检查和日常保养等	1. 数控铣床说明书 2. 数控铣床日常保养方法 3. 数控铣床操作规程 4. 数控系统(进口、国产数控系统)说明书
	(二)机床故障诊断	1. 能读懂数控系统的报警信息 2. 能发现数控铣床的一般故障	1. 数控系统的报警信息 2. 机床的故障诊断方法
	(三)机床精度检查	能进行机床水平的检查	1. 水平仪的使用方法 2. 机床垫铁的调整方法

3.2 高级

职业功能	工作内容	技 能 要 求	相 关 知 识
一、加工准备	(一)读图与绘图	1. 能读懂装配图并拆画零件图 2. 能够测绘零件 3. 能够读懂数控铣床主轴系统、进给系统的机构装配图	1. 根据装配图拆画零件图的方法 2. 零件的测绘方法 3. 数控铣床主轴与进给系统基本构造知识

续表

职业功能	工作内容	技　能　要　求	相　关　知　识
一、加工准备	(二)制定加工工艺	能编制二维、简单三维曲面零件的铣削加工工艺文件	复杂零件数控加工工艺的制定
	(三)零件定位与装夹	1. 能选择和使用组合夹具和专用夹具 2. 能选择和使用专用夹具装夹异型零件 3. 能分析并计算夹具的定位误差 4. 能够设计与自制装夹辅具(如轴套、定位件等)	1. 数控铣床组合夹具和专用夹具的使用、调整方法 2. 专用夹具的使用方法 3. 夹具定位误差的分析与计算方法 4. 装夹辅具的设计与制造方法
	(四)刀具准备	1. 能够选用专用工具(刀具和其他) 2. 能够根据难加工材料的特点选择刀具的材料、结构和几何参数	1. 专用刀具的种类、用途、特点和刃磨方法 2. 切削难加工材料时的刀具材料和几何参数的确定方法
二、数控编程	(一)手工编程	1. 能够编制较复杂的二维轮廓铣削程序 2. 能够根据加工要求编制二次曲面的铣削程序 3. 能够运用固定循环、子程序进行零件的加工程序编制 4. 能够进行变量编程	1. 较复杂二维节点的计算方法 2. 二次曲面几何体外轮廓节点计算 3. 固定循环和子程序的编程方法 4. 变量编程的规则和方法
	(二)计算机辅助编程	1. 能够利用 CAD/CAM 软件进行中等复杂程度的实体造型(含曲面造型) 2. 能够生成平面轮廓、平面区域、三维曲面、曲面轮廓、曲面区域、曲线的刀具轨迹 3. 能进行刀具参数的设定 4. 能进行加工参数的设置 5. 能确定刀具的切入切出位置与轨迹 6. 能够编辑刀具轨迹 7. 能够根据不同的数控系统生成 G 代码	1. 实体造型的方法 2. 曲面造型的方法 3. 刀具参数的设置方法 4. 刀具轨迹生成的方法 5. 各种材料切削用量的数据 6. 有关刀具切入切出的方法对加工质量影响的知识 7. 轨迹编辑的方法 8. 后置处理程序的设置和使用方法
	(三)数控加工仿真	能利用数控加工仿真软件实施加工过程仿真、加工代码检查与干涉检查	数控加工仿真软件的使用方法
三、数控铣床操作	(一)程序调试与运行	能够在机床中断加工后正确恢复加工	程序的中断与恢复加工的方法
	(二)参数设置	能够依据零件特点设置相关参数进行加工	数控系统参数设置方法
四、零件加工	(一)平面铣削	能够编制数控加工程序铣削平面、垂直面、斜面、阶梯面等,并达到如下要求: (1)尺寸公差等级 IT7 级 (2)形位公差等级 IT8 级 (3)表面粗糙度达 $R_a 3.2 \mu m$	1. 平面铣削精度控制方法 2. 刀具端刃几何形状的选择方法
	(二)轮廓加工	能够编制数控加工程序铣削较复杂的(如凸轮等)平面轮廓,并达到如下要求: (1)尺寸公差等级 IT8 级 (2)形位公差等级 IT8 级 (3)表面粗糙度达 $R_a 3.2 \mu m$	1. 平面轮廓铣削的精度控制方法 2. 刀具侧刃几何形状的选择方法

续表

职业功能	工作内容	技能要求	相关知识
四、零件加工	(三)曲面加工	能够编制数控加工程序铣削二次曲面,并达到如下要求: (1)尺寸公差等级达 IT8 级 (2)形位公差等级达 IT8 级 (3)表面粗糙度达 R_a 3.2μm	1. 二次曲面的计算方法 2. 刀具影响曲面加工精度的因素以及控制方法
	(四)孔系加工	能够编制数控加工程序对孔系进行切削加工,并达到如下要求: (1)尺寸公差等级达 IT7 级 (2)形位公差等级达 IT8 级 (3)表面粗糙度达 R_a 3.2μm	麻花钻、扩孔钻、丝锥、镗刀及铰刀的加工方法
	(五)深槽加工	能够编制数控加工程序进行深槽、三维槽的加工,并达到如下要求: (1)尺寸公差等级达 IT8 级 (2)形位公差等级达 IT8 级 (3)表面粗糙度达 R_a 3.2μm	深槽、三维槽的加工方法
	(六)配合件加工	能够编制数控加工程序进行配合件加工,尺寸配合公差等级达 IT8 级	1. 配合件的加工方法 2. 尺寸链换算的方法
	(七)精度检验	1. 能够利用数控系统的功能使用百(千)分表测量零件的精度 2. 能对复杂、异形零件进行精度检验 3. 能够根据测量结果分析产生误差的原因 4. 能够通过修正刀具补偿值和修正程序来减少加工误差	1. 复杂、异形零件的精度检验方法 2. 产生加工误差的主要原因及其消除方法
五、维护与故障诊断	(一)日常维护	能完成数控铣床的定期维护	数控铣床定期维护手册
	(二)故障诊断	能排除数控铣床的常见机械故障	机床的常见机械故障诊断方法
	(三)机床精度检验	能协助检验机床的各种出厂精度	机床精度的基本知识

3.3 技师

职业功能	工作内容	技能要求	相关知识
一、加工准备	(一)读图与绘图	1. 能绘制工装装配图 2. 能读懂常用数控铣床的机械原理图及装配图	1. 工装装配图的画法 2. 常用数控铣床的机械原理图及装配图的画法
	(二)制定加工工艺	1. 能编制高难度、精密、薄壁零件的数控加工工艺规程 2. 能对零件的多工种数控加工工艺进行合理性分析,并提出改进建议 3. 能够确定高速加工的工艺文件	1. 精密零件的工艺分析方法 2. 数控加工多工种工艺方案合理性的分析方法及改进措施 3. 高速加工的原理
	(三)零件定位与装夹	1. 能设计与制作高精度箱体类、叶片、螺旋桨等复杂零件的专用夹具 2. 能对现有的数控铣床夹具进行误差分析并提出改进建议	1. 专用夹具的设计与制造方法 2. 数控铣床夹具的误差分析及消减方法

续表

职业功能	工作内容	技 能 要 求	相 关 知 识
一、加工准备	(四)刀具准备	1. 能够依据切削条件和刀具条件估算刀具的使用寿命,并设置相关参数 2. 能根据难加工材料合理选择刀具材料和切削参数 3. 能推广使用新知识、新技术、新工艺、新材料、新型刀具 4. 能进行刀具刀柄的优化使用,提高生产效率,降低成本 5. 能选择和使用适合高速切削的工具系统	1. 切削刀具的选用原则 2. 延长刀具寿命的方法 3. 刀具新材料、新技术知识 4. 刀具使用寿命的参数设定方法 5. 难切削材料的加工方法 6. 高速加工的工具系统知识
二、数控编程	(一)手工编程	能够根据零件与加工要求编制具有指导性的变量编程程序	变量编程的概念及其编制方法
	(二)计算机辅助编程	1. 能够利用计算机高级语言编制特殊曲线轮廓的铣削程序 2. 能够利用计算机 CAD/CAM 软件对复杂零件进行实体或曲线曲面造型 3. 能够编制复杂零件的三轴联动铣削程序	1. 计算机高级语言知识 2. CAD/CAM 软件的使用方法 3. 三轴联动的加工方法
	(三)数控加工仿真	能够利用数控加工仿真软件分析和优化数控加工工艺	数控加工工艺的优化方法
三、数控铣床操作	(一)程序调试与运行	能够操作立式、卧式以及高速铣床	立式、卧式以及高速铣床的操作方法
	(二)参数设置	能够针对机床现状调整数控系统相关参数	数控系统参数的调整方法
四、零件加工	(一)特殊材料加工	能够进行特殊材料零件的铣削加工,并达到如下要求: (1)尺寸公差等级达 IT8 级 (2)形位公差等级达 IT8 级 (3)表面粗糙度达 $R_a 3.2 \mu m$	1. 特殊材料的材料学知识 2. 特殊材料零件的铣削加工方法
	(二)薄壁加工	能够进行带有薄壁的零件加工,并达到如下要求: (1)尺寸公差等级达 IT8 级 (2)形位公差等级达 IT8 级 (3)表面粗糙度达 $R_a 3.2 \mu m$	薄壁零件的铣削方法
	(三)曲面加工	1. 能进行三轴联动曲面的加工,并达到如下要求: (1)尺寸公差等级达 IT8 级 (2)形位公差等级达 IT8 级 (3)表面粗糙度达 $R_a 3.2 \mu m$ 2. 能够使用四轴以上铣床与加工中心对叶片、螺旋桨等复杂零件进行多轴铣削加工,并达到如下要求: (1)尺寸公差等级达 IT8 级 (2)形位公差等级达 IT8 级 (3)表面粗糙度达 $R_a 3.2 \mu m$	1. 三轴联动曲面的加工方法 2. 四轴以上铣床/加工中心的使用方法
	(四)易变形件加工	能进行易变形零件的加工,并达到如下要求: (1)尺寸公差等级达 IT8 级 (2)形位公差等级达 IT8 级 (3)表面粗糙度达 $R_a 3.2 \mu m$	易变形零件的加工方法
	(五)精度检验	能够进行大型、精密零件的精度检验	1. 精密量具的使用方法 2. 精密零件的精度检验方法

续表

职业功能	工作内容	技 能 要 求	相 关 知 识
五、维护与故障诊断	(一)机床日常维护	能借助字典阅读数控设备的主要外文信息	数控铣床专业外文知识
	(二)机床故障诊断	能够分析和排除液压和机械故障	数控铣床常见故障诊断及排除方法
	(三)机床精度检验	能够进行机床定位精度、重复定位精度的检验	机床定位精度检验、重复定位精度检验的内容及方法
六、培训与管理	(一)操作指导	能指导本职业中级、高级进行实际操作	操作指导书的编制方法
	(二)理论培训	能对本职业中级、高级进行理论培训	培训教材的编写方法
	(三)质量管理	能在本职工作中认真贯彻各项质量标准	相关质量标准
	(四)生产管理	能协助部门领导进行生产计划、调度及人员的管理	生产管理基本知识
	(五)技术改造与创新	能够进行加工工艺、夹具、刀具的改进	数控加工工艺综合知识

3.4 高级技师

职业功能	工作内容	技 能 要 求	相 关 知 识
一、工艺分析与设计	(一)读图与绘图	1. 能绘制复杂工装装配图 2. 能读懂常用数控铣床的电气、液压原理图 3. 能够组织中级、高级、技师进行工装协同设计	1. 复杂工装设计方法 2. 常用数控铣床电气、液压原理图的画法 3. 协同设计知识
	(二)制定加工工艺	1. 能对高难度、高精密零件的数控加工工艺方案进行合理性分析,提出改进意见,并参与实施 2. 能够确定高速加工的工艺方案 3. 能够确定细微加工的工艺方案	1. 复杂、精密零件机械加工工艺的系统知识 2. 高速加工机床的知识 3. 高速加工的工艺知识 4. 细微加工的工艺知识
	(三)工艺装备	1. 能独立设计复杂夹具 2. 能在四轴和五轴数控加工中对由夹具精度引起的零件加工误差进行分析,提出改进方案,并组织实施	1. 复杂夹具的设计及使用知识 2. 复杂夹具的误差分析及消减方法 3. 多轴数控加工的方法
	(四)刀具准备	1. 能根据零件要求设计专用刀具,并提出制造方法 2. 能系统地讲授各种切削刀具的特点和使用方法	1. 专用刀具的设计与制造知识 2. 切削刀具的特点和使用方法
二、零件加工	(一)异形零件加工	能解决高难度、异形零件加工的技术问题,并制定工艺措施	高难度零件的加工方法
	(二)精度检验	能够设计专用检具,检验高难度、异形零件	检具设计知识
三、机床维护与精度检验	(一)数控铣床维护	1. 能借助字典看懂数控设备的主要外文技术资料 2. 能够针对机床运行现状合理调整数控系统相关参数	数控铣床专业外文知识
	(二)机床精度检验	能够进行机床定位精度、重复定位精度的检验	机床定位精度、重复定位精度的检验和补偿方法
	(三)数控设备网络化	能够借助网络设备和软件系统实现数控设备的网络化管理	数控设备网络接口及相关技术

续表

职业功能	工作内容	技能要求	相关知识
四、培训与管理	(一)操作指导	能指导本职业中级、高级和技师进行实际操作	操作理论教学指导书的编写方法
	(二)理论培训	1. 能对本职业中级、高级和技师进行理论培训 2. 能系统地讲授各种切削刀具的特点和使用方法	1. 教学计划与大纲的编制方法 2. 切削刀具的特点和使用方法
	(三)质量管理	能应用全面质量管理知识,实现操作过程的质量分析与控制	质量分析与控制方法
	(四)技术改造与创新	能够组织实施技术改造和创新,并撰写相应的论文	科技论文的撰写方法

4 比重表

4.1 理论知识

项 目		中级/%	高级/%	技师/%	高级技师/%
基本要求	职业道德	5	5	5	5
	基础知识	20	20	15	15
相关知识	加工准备	15	15	25	—
	数控编程	20	20	10	—
	数控铣床操作	5	5	5	—
	零件加工	30	30	20	15
	数控铣床维护与精度检验	5	5	10	10
	培训与管理	—	—	10	15
	工艺分析与设计	—	—	—	40
合 计		100	100	100	100

4.2 技能操作

项 目		中级/%	高级/%	技师/%	高级技师/%
技能要求	加工准备	10	10	10	—
	数控编程	30	30	30	—
	数控铣床操作	5	5	5	—
	零件加工	50	50	45	45
	数控铣床维护与精度检验	5	5	5	10
	培训与管理	—	—	5	10
	工艺分析与设计	—	—	—	35
合 计		100	100	100	100

附录3 加工中心操作工国家职业标准

1 职业概况

1.1 职业名称
加工中心操作工。

1.2 职业定义
从事编制数控加工程序并操作加工中心机床进行零件多工序组合切削加工的人员。

1.3 职业等级
本职业共设四个等级,分别为:中级(国家职业资格四级)、高级(国家职业资格三级)、技师(国家职业资格二级)、高级技师(国家职业资格一级)。

1.4 职业环境
室内、常温。

1.5 职业能力特征
具有较强的计算能力和空间感,形体知觉及色觉正常,手指、手臂灵活,动作协调。

1.6 基本文化程度
高中毕业(或同等学历)。

1.7 培训要求

1.7.1 培训期限
全日制职业学校教育,根据其培养目标和教学计划确定。晋级培训期限:中级不少于400标准学时;高级不少于300标准学时;技师不少于300标准学时;高级技师不少于300标准学时。

1.7.2 培训教师
培训中、高级人员的教师应取得本职业技师及以上职业资格证书或相关专业中级及以上专业技术职称任职资格;培训技师的教师应取得本职业高级技师职业资格证书或相关专业高级专业技术职称任职资格;培训高级技师的教师应取得本职业高级技师职业资格证书2年以上或取得相关专业高级专业技术职称任职资格2年以上。

1.7.3 培训场地设备
满足教学要求的标准教室,计算机机房及配套的软件,加工中心及必要的刀具、夹具、量具和辅助设备等。

1.8 鉴定要求

1.8.1 适用对象
从事或准备从事本职业的人员。

1.8.2 申报条件
——中级:(具备以下条件之一者)

(1) 经本职业中级正规培训达规定标准学时数,并取得结业证书。

(2) 连续从事本职业工作5年以上。

(3) 取得经劳动保障行政部门审核认定的、以中级技能为培养目标的中等以上职业学校本职业（或相关专业）毕业证书。

（4）取得相关职业中级《职业资格证书》后，连续从事本职业 2 年以上。

——高级：（具备以下条件之一者）

（1）取得本职业中级职业资格证书后，连续从事本职业工作 2 年以上，经本职业高级正规培训，达到规定标准学时数，并取得结业证书。

（2）取得本职业中级职业资格证书后，连续从事本职业工作 4 年以上。

（3）取得劳动保障行政部门审核认定的、以高级技能为培养目标的职业学校本职业（或相关专业）毕业证书。

（4）大专以上本专业或相关专业毕业生，经本职业高级正规培训，达到规定标准学时数，并取得结业证书。

——技师：（具备以下条件之一者）

（1）取得本职业高级职业资格证书后，连续从事本职业工作 4 年以上，经本职业技师正规培训达规定标准学时数，并取得结业证书。

（2）取得本职业高级职业资格证书的职业学校本职业（专业）毕业生，连续从事本职业工作 2 年以上，经本职业技师正规培训达规定标准学时数，并取得结业证书。

（3）取得本职业高级职业资格证书的本科（含本科）以上本专业或相关专业的毕业生，连续从事本职业工作 2 年以上，经本职业技师正规培训达规定标准学时数，并取得结业证书。

——高级技师：

取得本职业技师职业资格证书后，连续从事本职业工作 4 年以上，经本职业高级技师正规培训达规定标准学时数，并取得结业证书。

1.8.3 鉴定方式

分为理论知识考试和技能操作考核。理论知识考试采用闭卷方式，技能操作（含软件应用）考核采用现场实际操作和计算机软件操作方式。理论知识考试和技能操作（含软件应用）考核均实行百分制，成绩皆达 60 分及以上者为合格。技师和高级技师还需进行综合评审。

1.8.4 考评人员与考生配比

理论知识考试考评人员与考生配比为 1∶15，每个标准教室不少于 2 名相应级别的考评员；技能操作（含软件应用）考核考评员与考生配比为 1∶2，且不少于 3 名相应级别的考评员；综合评审委员不少于 5 人。

1.8.5 鉴定时间

理论知识考试为 120min；技能操作考核中实操时间为：中级、高级不少于 240min，技师和高级技师不少于 300min；技能操作考核中软件应用考试时间为不超过 120min；技师和高级技师的综合评审时间不少于 45min。

1.8.6 鉴定场所设备

理论知识考试在标准教室里进行，软件应用考试在计算机机房进行，技能操作考核在配备必要的加工中心及必要的刀具、夹具、量具和辅助设备的场所进行。

2 基本要求

2.1 职业道德

2.1.1 职业道德基本知识
2.1.2 职业守则

(1) 遵守国家法律，法规和有关规定。
(2) 具有高度的责任心，爱岗敬业，团结合作。
(3) 严格执行相关标准、工作程序与规范、工艺文件和安全操作规程。
(4) 学习新知识新技能，勇于开拓和创新。
(5) 爱护设备、系统及工具、夹具、量具。
(6) 着装整洁，符合规定；保持工作环境清洁有序，文明生产。

2.2 基础知识
2.2.1 基础理论知识

(1) 机械制图。
(2) 工程材料及金属热处理知识。
(3) 机电控制知识。
(4) 计算机基础知识。
(5) 专业英语基础。

2.2.2 机械加工基础知识

(1) 机械原理。
(2) 常用设备知识（分类、用途、基本结构及维护保养方法）。
(3) 常用金属切削刀具知识。
(4) 典型零件加工工艺。
(5) 设备润滑和冷却液的使用方法。
(6) 工具、夹具、量具的使用与维护知识。
(7) 铣工、镗工基本操作知识。

2.2.3 安全文明生产与环境保护知识

(1) 安全操作与劳动保护知识。
(2) 文明生产知识。
(3) 环境保护知识。

2.2.4 质量管理知识

(1) 企业的质量方针。
(2) 岗位质量要求。
(3) 岗位质量保证措施与责任。

2.2.5 相关法律、法规知识

(1) 劳动法的相关知识。
(2) 环境保护法的相关知识。
(3) 知识产权保护法的相关知识。

3 工作要求

本标准对中级、高级、技师和高级技师的技能要求依次递进，高级别涵盖低级别的要求。

3.1 中级

附录3　加工中心操作工国家职业标准

职业功能	工作内容	技能要求	相关知识
一、加工准备	（一）读图与绘图	1. 能读懂中等复杂程度（如凸轮、箱体、多面体）的零件图 2. 能绘制有沟槽、台阶、斜面的简单零件图 3. 能读懂分度头尾架、弹簧夹头套筒、可转位铣刀结构等简单机构装配图	1. 复杂零件的表达方法 2. 简单零件图的画法 3. 零件三视图、局部视图和剖视图的画法
	（二）制定加工工艺	1. 能读懂复杂零件的数控加工工艺文件 2. 能编制直线、圆弧面、孔系等简单零件的数控加工工艺文件	1. 数控加工工艺文件的制定方法 2. 数控加工工艺知识
	（三）零件定位与装夹	1. 能使用加工中心常用夹具（如压板、虎钳、平口钳等）装夹零件 2. 能够选定定位基准，并找正零件	1. 加工中心常用夹具的使用方法 2. 定位、装夹的原理和方法 3. 零件找正的方法
	（四）刀具准备	1. 能够根据数控加工工艺卡选择、安装和调整加工中心常用刀具 2. 能根据加工中心特性、零件材料、加工精度和工作效率等选择刀具和刀具几何参数，并确定数控加工需要的切削参数和切削用量 3. 能够使用刀具预调仪或者在机内测量工具的半径及长度 4. 能够选择、安装、使用刀柄 5. 能够刃磨常用刀具	1. 金属切削与刀具磨损知识 2. 加工中心常用刀具的种类、结构和特点 3. 加工中心、零件材料、加工精度和工作效率对刀具的要求 4. 刀具预调仪的使用方法 5. 刀具长度补偿、半径补偿与刀具参数的设置知识 6. 刀柄的分类和使用方法 7. 刀具刃磨的方法
二、数控编程	（一）手工编程	1. 能够编制钻、扩、铰、镗等孔类加工程序 2. 能够编制平面铣削程序 3. 能够编制含直线插补、圆弧插补二维轮廓的加工程序	1. 数控编程知识 2. 直线插补和圆弧插补的原理 3. 坐标点的计算方法 4. 刀具补偿的作用和计算方法
	（二）计算机辅助编程	能够利用CAD/CAM软件完成简单平面轮廓的铣削程序	1. CAD/CAM软件的使用方法 2. 平面轮廓的绘图与加工代码生成方法
三、加工中心操作	（一）操作面板	1. 能够按照操作规程启动及停止机床 2. 能使用操作面板上的常用功能键（如回零、手动、MDI、修调等）	1. 加工中心操作说明书 2. 加工中心操作面板的使用方法
	（二）程序输入与编辑	1. 能够通过各种途径（如DNC、网络）输入加工程序 2. 能够通过操作面板输入和编辑加工程序	1. 数控加工程序的输入方法 2. 数控加工程序的编辑方法
	（三）对刀	1. 能进行对刀并确定相关坐标系 2. 能设置刀具参数	1. 对刀的方法 2. 坐标系的知识 3. 建立刀具参数表或文件的方法
	（四）程序调试与运行	1. 能够进行程序检验、单步执行、空运行，并完成零件试切 2. 能够使用交换工作台	1. 程序调试的方法 2. 工作台交换的方法
	（五）刀具管理	1. 能够使用自动换刀装置 2. 能够在刀库中设置和选择刀具 3. 能够通过操作面板输入有关参数	1. 刀库的知识 2. 刀库的使用方法 3. 刀具信息的设置方法与刀具选择 4. 数控系统中加工参数的输入方法

续表

职业功能	工作内容	技能要求	相关知识
四、零件加工	(一)平面加工	能够运用数控加工程序进行平面、垂直面、斜面、阶梯面等铣削加工,并达到如下要求: (1)尺寸公差等级达IT7级 (2)形位公差等级达IT8级 (3)表面粗糙度达R_a 3.2μm	1. 平面铣削的基本知识 2. 刀具端刃的切削特点
	(二)型腔加工	1. 能够运用数控加工程序进行直线、圆弧组成的平面轮廓零件铣削加工,并达到如下要求: (1)尺寸公差等级达IT8级 (2)形位公差等级达IT8级 (3)表面粗糙度达R_a 3.2μm 2. 能够运用数控加工程序进行复杂零件的型腔加工,并达到如下要求: (1)尺寸公差等级达IT8级 (2)形位公差等级达IT8级 (3)表面粗糙度达R_a 3.2μm	1. 平面轮廓铣削的基本知识 2. 刀具侧刃的切削特点
	(三)曲面加工	能够运用数控加工程序铣削圆锥面、圆柱面等简单曲面,并达到如下要求: (1)尺寸公差等级达IT8级 (2)形位公差等级达IT8级 (3)表面粗糙度达R_a 3.2μm	1. 曲面铣削的基本知识 2. 球头刀具的切削特点
	(四)孔系加工	能够运用数控加工程序进行孔系加工,并达到如下要求: (1)尺寸公差等级达IT7级 (2)形位公差等级达IT8级 (3)表面粗糙度达R_a 3.2μm	麻花钻、扩孔钻、丝锥、镗刀及铰刀的加工方法
	(五)槽类加工	能够运用数控加工程序进行槽、键槽的加工,并达到如下要求: (1)尺寸公差等级达IT8级 (2)形位公差等级达IT8级 (3)表面粗糙度达R_a 3.2μm	槽、键槽的加工方法
	(六)精度检验	能够使用常用量具进行零件的精度检验	1. 常用量具的使用方法 2. 零件精度检验及测量方法
五、维护与故障诊断	(一)加工中心日常维护	能够根据说明书完成加工中心的定期及不定期维护保养,包括机械、电气、液压、数控系统检查和日常保养等	1. 加工中心说明书 2. 加工中心日常保养方法 3. 加工中心操作规程 4. 数控系统(进口、国产数控系统)说明书
	(二)加工中心故障诊断	1. 能读懂数控系统的报警信息 2. 能发现加工中心的一般故障	1. 数控系统的报警信息 2. 机床的故障诊断方法
	(三)机床精度检查	能进行机床水平的检查	1. 水平仪的使用方法 2. 机床垫铁的调整方法

3.2 高级

职业功能	工作内容	技　能　要　求	相　关　知　识
一、加工准备	（一）读图与绘图	1．能够读懂装配图并拆画零件图 2．能够测绘零件 3．能够读懂加工中心主轴系统、进给系统的机构装配图	1．根据装配图拆画零件图的方法 2．零件的测绘方法 3．加工中心主轴与进给系统基本构造知识
	（二）制定加工工艺	能编制箱体类零件的加工中心加工工艺文件	箱体类零件数控加工工艺文件的制定
	（三）零件定位与装夹	1．能根据零件的装夹要求正确选择和使用组合夹具和专用夹具 2．能选择和使用专用夹具装夹异型零件 3．能分析并计算加工中心夹具的定位误差 4．能够设计与自制装夹辅具（如轴套、定位件等）	1．加工中心组合夹具和专用夹具的使用、调整方法 2．专用夹具的使用方法 3．夹具定位误差的分析与计算方法 4．装夹辅具的设计与制造方法
	（四）刀具准备	1．能够选用专用工具 2．能够根据难加工材料的特点选择刀具的材料、结构和几何参数	1．专用刀具的种类、用途、特点和刃磨方法 2．切削难加工材料时的刀具材料和几何参数的确定方法
二、数控编程	（一）手工编程	1．能够编制较复杂的二维轮廓铣削程序 2．能够运用固定循环、子程序进行零件的加工程序编制 3．能够运用变量编程	1．较复杂二维节点的计算方法 2．球、锥、台等几何体外轮廓节点计算 3．固定循环和子程序的编程方法 4．变量编程的规则和方法
	（二）计算机辅助编程	1．能够利用 CAD/CAM 软件进行中等复杂程度的实体造型（含曲面造型） 2．能够生成平面轮廓、平面区域、三维曲面、曲面轮廓、曲面区域、曲线的刀具轨迹 3．能进行刀具参数的设定 4．能进行加工参数的设置 5．能确定刀具的切入切出位置与轨迹 6．能够编辑刀具轨迹 7．能够根据不同的数控系统生成 G 代码	1．实体造型的方法 2．曲面造型的方法 3．刀具参数的设置方法 4．刀具轨迹生成的方法 5．各种材料切削用量的数据 6．有关刀具切入切出的方法对加工质量影响的知识 7．轨迹编辑的方法 8．后置处理程序的设置和使用方法
	（三）数控加工仿真	能利用数控加工仿真软件实施加工过程仿真、加工代码检查与干涉检查	数控加工仿真软件的使用方法
三、加工中心操作	（一）程序调试与运行	能够在机床中断加工后正确恢复加工	加工中心的中断与恢复加工的方法
	（二）在线加工	能够使用在线加工功能运行大型加工程序	加工中心的在线加工方法
四、零件加工	（一）平面加工	能够编制数控加工程序进行平面、垂直面、斜面、阶梯面等铣削加工，并达到如下要求： (1) 尺寸公差等级达 IT7 级 (2) 形位公差等级达 IT8 级 (3) 表面粗糙度达 R_a 3.2μm	平面铣削的加工方法

续表

职业功能	工作内容	技 能 要 求	相 关 知 识
四、零件加工	(二)型腔加工	能够编制数控加工程序进行模具型腔加工,并达到如下要求: (1)尺寸公差等级达IT8级 (2)形位公差等级达IT8级 (3)表面粗糙度达 $R_a 3.2\mu m$	模具型腔的加工方法
	(三)曲面加工	能够使用加工中心进行多轴铣削加工叶轮、叶片,并达到如下要求: (1)尺寸公差等级达IT8级 (2)形位公差等级达IT8级 (3)表面粗糙度达 $R_a 3.2\mu m$	叶轮、叶片的加工方法
	(四)孔类加工	1. 能够编制数控加工程序相贯孔加工,并达到如下要求: (1)尺寸公差等级达IT8级 (2)形位公差等级达IT8级 (3)表面粗糙度达 $R_a 3.2\mu m$ 2. 能进行调头镗孔,并达到如下要求: (1)尺寸公差等级达IT7级 (2)形位公差等级达IT8级 (3)表面粗糙度达 $R_a 3.2\mu m$ 3. 能够编制数控加工程序进行刚性攻螺纹,并达到如下要求: (1)尺寸公差等级达IT8级 (2)形位公差等级达IT8级 (3)表面粗糙度达 $R_a 3.2\mu m$	相贯孔加工、调头镗孔、刚性攻螺纹的方法
	(五)沟槽加工	1. 能够编制数控加工程序进行深槽、特形沟槽的加工,并达到如下要求: (1)尺寸公差等级达IT8级 (2)形位公差等级达IT8级 (3)表面粗糙度达 $R_a 3.2\mu m$ 2. 能够编制数控加工程序进行螺旋槽、柱面凸轮的铣削加工,并达到如下要求: (1)尺寸公差等级达IT8级 (2)形位公差等级达IT8级 (3)表面粗糙度达 $R_a 3.2\mu m$	深槽、特形沟槽、螺旋槽、柱面凸轮的加工方法
	(六)配合件加工	能够编制数控加工程序进行配合件加工,尺寸配合公差等级达IT8级	1. 配合件的加工方法 2. 尺寸链换算的方法
	(七)精度检验	1. 能对复杂、异形零件进行精度检验 2. 能够根据测量结果分析产生误差的原因 3. 能够通过修正刀具补偿值和修正程序来减少加工误差	1. 复杂、异形零件的精度检验方法 2. 产生加工误差的主要原因及其消除方法
五、维护与故障诊断	(一)日常维护	能完成加工中心的定期维护保养	加工中心的定期维护手册
	(二)故障诊断	能发现加工中心的一般机械故障	1. 加工中心机械故障和排除方法 2. 加工中心液压原理和常用液压元件
	(三)机床精度检验	能够进行机床几何精度和切削精度检验	机床几何精度和切削精度检验内容及方法

3.3 技师

职业功能	工作内容	技 能 要 求	相 关 知 识
一、加工准备	（一）读图与绘图	1. 能绘制普通工装装配图 2. 能读懂常用加工中心的机械原理图及装配图 3. 能够读懂加工中心自动换刀系统、旋转工作台分度机构的装配图 4. 能够读懂高速铣床/加工中心电主轴系统的装配图	1. 工装装配图的画法 2. 常用加工中心的机械原理图及装配图的画法 3. 加工中心换刀系统、旋转工作台分度机构的基本构造知识 4. 高速铣床/加工中心电主轴结构与功能的基本知识
	（二）制定加工工艺	1. 能编制高难度、高精度箱体类、支架类等复杂零件、易变形零件的数控加工工艺文件 2. 能对零件的数控加工工艺进行合理性分析，并提出改进建议 3. 能够确定高速加工的工艺文件	1. 精密与复杂零件的工艺分析方法 2. 数控加工工艺方案合理性的分析方法及改进措施 3. 高速加工的原理
	（三）零件定位与装夹	1. 能设计与制作高精度箱体类、叶片、螺旋桨等复杂零件的专用夹具 2. 能对加工中心夹具进行误差分析，并提出改进建议	1. 专用夹具的设计与制造方法 2. 加工中心夹具的误差分析及消减方法
	（四）刀具准备	1. 能够依据切削条件和刀具条件估算刀具的使用寿命，并设置相关参数 2. 能根据难加工材料合理选择刀具材料和切削参数 3. 能推广使用新知识、新技术、新工艺、新材料、新型刀具 4. 能进行刀具刀柄的优化使用，提高生产效率，降低成本 5. 能选择和使用适合高速切削的工具系统	1. 切削刀具的选用原则 2. 延长刀具寿命的方法 3. 刀具新材料、新技术知识 4. 刀具使用寿命的参数设定方法 5. 难切削材料的加工方法 6. 高速加工的工具系统知识
二、数控编程	（一）手工编程	能够根据零件与加工要求编制具有指导性的变量编程程序	变量编程的概念及其编制方法
	（二）计算机辅助编程	1. 能够利用计算机高级语言编制特殊曲线轮廓的铣削程序 2. 能够利用计算机 CAD/CAM 软件对复杂零件进行实体或曲线曲面造型 3. 能够编制复杂零件的三轴联动铣削程序 4. 能够编制四轴或五轴联动铣削程序	1. 计算机高级语言知识 2. CAD/CAM 软件的使用方法 3. 加工中心四轴、五轴联动的加工方法
	（三）数控加工仿真	能够利用数控加工仿真软件分析和优化数控加工程序	数控加工仿真软件的使用方法
三、加工中心操作	（一）程序调试与运行	能够操作立式、卧式加工中心以及高速铣床/加工中心	立式、卧式加工中心以及高速铣床/加工中心的操作方法
	（二）刀具信息与参数设置	能够针对机床现状调整数控系统相关参数	数控系统参数的调整方法
四、零件加工	（一）特殊材料加工	能够进行特殊材料零件的铣削加工，并达到如下要求： (1) 尺寸公差等级达 IT8 级 (2) 形位公差等级达 IT8 级 (3) 表面粗糙度达 $R_a 3.2 \mu m$	1. 特殊材料的材料学知识 2. 特殊材料零件的铣削加工方法

续表

职业功能	工作内容	技能要求	相关知识
四、零件加工	(二)箱体加工	能够进行复杂箱体类零件加工,并达到如下要求: (1)尺寸公差等级达IT8级 (2)形位公差等级达IT8级 (3)表面粗糙度达$R_a 3.2\mu m$	复杂箱体零件的加工方法
	(三)曲面加工	能够使用四轴以上铣床与加工中心对叶片、螺旋桨等复杂零件进行多轴铣削加工,并达到如下要求: (1)尺寸公差等级达IT8级 (2)形位公差等级达IT8级 (3)表面粗糙度达$R_a 3.2\mu m$	四轴以上铣床/加工中心的使用方法
	(四)孔系加工	能够进行多角度孔加工,并达到如下要求: (1)尺寸公差等级达IT7级 (2)形位公差等级达IT8级 (3)表面粗糙度达$R_a 3.2\mu m$	多角度孔的加工方法
	(五)精度检验	能够进行大型、精密零件的精度检验	1. 精密量具的使用方法 2. 精密零件的精度检验方法
五、维护与故障诊断	(一)加工中心日常维护	能借助字典阅读数控设备的主要外文信息	加工中心专业外文知识
	(二)加工中心故障诊断	能够分析和排除机械故障	加工中心常见故障诊断及排除方法
	(三)机床精度检验	能够进行机床定位精度、重复定位精度的检验	机床定位精度检验、重复定位精度检验的内容及方法
六、培训与管理	(一)操作指导	能指导本职业中级、高级进行实际操作	操作指导书的编制方法
	(二)理论培训	能对本职业中级、高级进行理论培训	培训教材的编写方法
	(三)质量管理	能在本职工作中认真贯彻各项质量标准	相关质量标准
	(四)生产管理	能协助部门领导进行生产计划、调度及人员的管理	生产管理基本知识
	(五)技术改造与创新	能够进行加工工艺、夹具、刀具的改进	数控加工工艺综合知识

3.4 高级技师

职业功能	工作内容	技能要求	相关知识
一、工艺分析与设计	(一)读图与绘图	1. 能绘制复杂工装装配图 2. 能读懂常用加工中心高速铣床/加工中心的电气、液压原理图 3. 能够组织中级、高级、技师进行工装协同设计	1. 复杂工装设计方法 2. 常用加工中心电气、液压原理图的画法 3. 协同设计知识
	(二)制定加工工艺	1. 能对高难度、高精密零件的数控加工工艺方案进行合理性分析,提出改进意见,并参与实施 2. 能够确定高速加工的工艺方案 3. 能够确定细微加工的工艺方案	1. 复杂、精密零件机械加工工艺的系统知识 2. 高速加工机床的知识 3. 高速加工的工艺知识 4. 细微加工的工艺知识

续表

职业功能	工作内容	技能要求	相关知识
一、工艺分析与设计	(三)零件定位与装夹	1. 能独立设计加工中心的复杂夹具 2. 能在四轴和五轴数控加工中对由夹具精度引起的零件加工误差进行分析,提出改进方案,并组织实施	1. 复杂加工中心夹具的设计及使用知识 2. 复杂夹具的误差分析及消减方法 3. 多轴数控加工的方法
	(四)刀具准备	1. 能根据零件要求设计专用刀具,并提出制造方法 2. 能系统地讲授各种切削刀具的特点和使用方法	1. 专用刀具的设计与制造知识 2. 切削刀具的特点和使用方法
二、零件加工	(一)异形零件加工	能解决高难度、异形零件加工的技术问题,并制定工艺措施	高难度零件的加工方法
	(二)精度检验	能够设计专用检具,检验高难度、异形零件	检具设计知识
三、机床维护与精度检验	(一)数控铣床维护	1. 能借助字典看懂数控设备的主要外文技术资料 2. 能够针对机床运行现状合理调整数控系统相关参数	数控铣床专业外文知识
	(二)机床精度检验	能够进行机床定位精度、重复定位精度的检验	机床定位精度、重复定位精度的检验和补偿方法
	(三)数控设备网络化	能够借助网络设备和软件系统实现数控设备的网络化管理	数控设备网络接口及相关技术
四、培训与管理	(一)操作指导	能指导本职业中级、高级和技师进行实际操作	操作理论教学指导书的编写方法
	(二)理论培训	1. 能对本职业中级、高级和技师进行理论培训 2. 能系统地讲授各种切削刀具的特点和使用方法	1. 教学计划与大纲的编制方法 2. 切削刀具的特点和使用方法
	(三)质量管理	能应用全面质量管理知识实现操作过程的质量分析与控制	质量分析与控制方法
	(四)技术改造与创新	能够组织实施技术改造和创新,并撰写相应的论文	科技论文的编写方法

4 比重表
4.1 理论知识

项 目		中级/%	高级/%	技师/%	高级技师/%
基本要求	职业道德	5	5	5	5
	基础知识	20	20	15	15
相关知识	加工准备	15	15	25	—
	数控编程	20	20	10	—
	加工中心操作	5	5	5	—
	零件加工	30	30	20	15
	机床维护与精度检验	5	5	10	10
	培训与管理	—	—	10	15
	工艺分析与设计	—	—	—	40
合 计		100	100	100	100

4.2 技能操作

项 目		中级/%	高级/%	技师/%	高级技师/%
技能要求	加工准备	10	10	10	—
	数控编程	30	30	30	—
	加工中心操作	5	5	5	—
	零件加工	50	50	45	45
	机床维护与精度检验	5	5	5	10
	培训与管理	—	—	5	10
	工艺分析与设计	—	—	—	35
合 计		100	100	100	100

参 考 文 献

1. 蔡复之. 实用数控加工技术. 北京：兵器工业出版社，1995
2. 王志平. 数控编程与操作. 北京：高等教育出版社，2004
3. 顾京. 数控加工编程及操作. 北京：高等教育出版社，2003
4. 宋放之等. 数控工艺培训教程. 北京：清华大学出版社，2003
5. 铣工工艺学. 北京：中国劳动出版社，1996
6. 车工工艺学. 北京：中国劳动出版社，1996